国家出版基金项目

“十四五”时期国家重点出版物出版专项规划项目

中国战略性新兴产业——前沿新材料

复相介质导水材料

丛书主编　魏炳波　韩雅芳

著　　者　杜红梅　张增志

中国铁道出版社有限公司
CHINA RAILWAY PUBLISHING HOUSE CO., LTD.

内 容 简 介

本书为"中国战略性新兴产业——前沿新材料"丛书之分册。

本书基于国家"863"计划项目、国家自然科学基金项目和教育部重点项目等多项科研成果，针对用于植树造林的新材料——复相介质导水材料，系统论述复相介质的设计与特征参数测定、水流体的热力学和动力学方程、不同含水率条件下的结构动力学，以及基于复相介质导水材料的加工制造和应用。

本书适合材料领域科研人员、工程技术人员以及高校、企业等相关专业人员参考。

图书在版编目(CIP)数据

复相介质导水材料 / 杜红梅，张增志著. -- 北京 ：中国铁道出版社有限公司，2024. 12. --（中国战略性新兴产业 / 魏炳波，韩雅芳主编）. -- ISBN 978-7-113-31990-8

Ⅰ. TV672

中国国家版本馆 CIP 数据核字第 20246CF999 号

书　　名：复相介质导水材料
作　　者：杜红梅　张增志

策　　划：李小军
责任编辑：李小军　黎　琳　王熙文　　　**编辑部电话：**(010)51873674
封面设计：高博越
责任校对：苗　丹
责任印制：高春晓

出版发行：中国铁道出版社有限公司(100054，北京市西城区右安门西街 8 号)
网　　址：https://www.tdpress.com
印　　刷：北京联兴盛业印刷股份有限公司
版　　次：2024 年 12 月第 1 版　2024 年 12 月第 1 次印刷
开　　本：787 mm×1 092 mm 1/16　**印张：**8　**字数：**161 千
书　　号：ISBN 978-7-113-31990-8
定　　价：78.00 元

作者简介

魏炳波

中国科学院院士，教授，工学博士，著名材料科学家。现任中国材料研究学会理事长，教育部科技委材料学部副主任，教育部物理学专业教学指导委员会副主任委员。入选首批国家“百千万人才工程”，首批教育部长江学者特聘教授，首批国家杰出青年科学基金获得者，国家基金委创新研究群体基金获得者。曾任国家自然科学基金委金属学科评委、国家“863”计划航天技术领域专家组成员、西北工业大学副校长等职。主要从事空间材料、液态金属深过冷和快速凝固等方面的研究。获1997年度国家技术发明奖二等奖，2004年度国家自然科学奖二等奖和省部级科技进步奖一等奖等。在国际国内知名学术刊物上发表论文120余篇。

韩雅芳

工学博士，研究员，著名材料科学家。现任国际材料研究学会联盟主席、《自然科学进展：国际材料》（英文期刊）主编。曾任中国航发北京航空材料研究院副院长、科技委主任，中国材料研究学会副理事长、秘书长、执行秘书长等职。主要从事航空发动机材料研究工作。获1978年全国科学大会奖、1999年度国家技术发明奖二等奖和多项部级科技进步奖等。在国际国内知名学术刊物上发表论文100余篇，主编公开发行的中、英文论文集20余卷，出版专著5部。

杜红梅

工学博士，博士后。2019 年博士毕业于中国矿业大学（北京）生态功能材料研究所，主要从事荒漠化地区生态功能材料、大气集水材料、仿生凝露材料、智能软体材料的研发及其设备加工制造。曾参与国家“863”计划项目、国家自然科学基金项目、教育部重点项目等纵向课题和多项横向课题的研究，以及 3 项中国工程院战略咨询项目的研究，并担任“2013—2025 年国家辞书编纂出版计划”项目《材料大辞典（第二版）》特种功能材料分编委会的编委。目前已发表高水平学术论文 10 余篇，获已授权国家发明专利 8 项。

张增志

教授，博士生导师，全国优秀科技工作者，亚太材料科学院院士，中国矿业大学（北京）生态功能材料研究所所长，长期从事生态功能材料的开发、研究和产业化工作。兼任中国材料研究学会秘书长，*TMR* 执行编委会主编，“2013—2025 年国家辞书编纂出版计划”项目《材料大辞典（第二版）》特种功能材料编委会主编，国家出版计划第三版《中国大百科全书·材料科学与工程卷》的委员、环境功能材料学科分支副主编。第一完成人获省部级以上奖励 9 项、国家发明专利 27 项，发表学术专著 4 部（独著）、学术论文百余篇。研究成果形成了十余条批量化生产线，产品已应用到我国西部 11 省、128 个旗县和国外中东地区，解决了干旱、沙化严重缺水地区植树造林难以成活的难题。

序

前沿新材料是指现阶段处在新材料发展尖端，人们在不断地科技创新中研究发现或通过人工设计而得到的具有独特的化学组成及原子或分子微观聚集结构，能提供超出传统理念的颠覆性优异性能和特殊功能的一类新材料。在新一轮科技和工业革命中，材料发展呈现出新的时代发展特征，人类已进入前沿新材料时代，将迅速引领和推动各种现代颠覆性的前沿技术向纵深发展，引发高新技术和新兴产业以至未来社会革命性的变革，实现从基础支撑到前沿颠覆的跨越。

进入21世纪以来，前沿新材料得到越来越多的重视，世界发达国家，无不把发展前沿新材料作为优先选择，纷纷出台相关发展战略或规划，争取前沿新材料在高新技术和新兴产业的前沿性突破，以抢占未来科技制高点，促进可持续发展，解决人口、经济、环境等方面的难题。我国也十分重视前沿新材料技术和产业化的发展。2017年国家发展和改革委员会、工业和信息化部、科技部、财政部联合发布了《新材料产业发展指南》，明确指明了前沿新材料作为重点发展方向之一。我国前沿新材料的发展与世界基本同步，特别是近年来集中了一批著名的高等学校、科研院所，形成了许多强大的研发团队，在研发投入、人力和资源配置、创新和体制改革、成果转化等方面不断加大力度，发展非常迅猛，标志性颠覆技术陆续突破，某些领域已跻身全球强国之列。

“中国战略性新兴产业——前沿新材料”丛书是由中国材料研究学会组织编写，由中国铁道出版社有限公司出版发行的第二套关于材料科学与技术的系列科技专著。丛书从推动发展我国前沿新材料技术和产业的宗旨出发，重点选择了当代前沿新材料各细分领域的有关材料，全面系统论述了发展这些材料的需求背景及其重要意义、全球发展现状及前景；系统地论述了这些前沿新材料的理论基础和核心技术，着重阐明了它们将如何推进高新技术和新兴产业颠覆性的变革和对未来社会产生的深远影响；介绍了我国相关的研究进展及最新研究成果；针对性地提出了我国发展前沿新材料的主要方向和任务，分析了存在的主要问题，提出了相关对策和建议；是我国“十三五”和“十四五”期间在材料领域具有国内领先水平的第二套系列科技著作。

本丛书特别突出了前沿新材料的颠覆性、前瞻性、前沿性特点。丛书的出版，将对我国从事新材料研究、教学、应用和产业化的专家、学者、产业精英、决策咨询机构以及政府职能部门相关领导和人士具有重要的参考价值，对推动我国高新技术和战略性新兴产业可持续发展具有重要的现实意义和指导意义。

本丛书的编著和出版是材料学术领域具有足够影响的一件大事。我们希望，本丛书的出版能对我国新材料特别是前沿新材料技术和产业发展产生较大的助推作用，也热切希望广大材料科技人员、产业精英、决策咨询机构积极投身到发展我国新材料研究和产业化的行列中来，为推动我国材料科学进步和产业化又好又快发展做出更大贡献，也热切希望广大学子、年轻才俊、行业新秀更多地“走近新材料、认知新材料、参与新材料”，共同努力，开启未来前沿新材料的新时代。

中国科学院院士、中国材料研究学会理事长 魏炳波

国际材料研究学会联盟主席 韩雅芳

2020年8月

前　言

“中国战略性新兴产业——前沿新材料”丛书是中国材料研究学会组织、由国内一流学者著述的一套材料类科技著作。丛书突出颠覆性、前瞻性、前沿性特点，涵盖了超材料、气凝胶、离子液体、多孔金属等 10 余种重点发展前沿新材料。本册为《复相介质导水材料》分册。

土地荒漠化是当前影响人类生存和发展的全球性重大生态问题。荒漠化不仅造成可利用土地资源减少、土地生产力衰退、沙尘暴频发等自然后果，还严重威胁着全球的生态安全和可持续发展。根据国家林业和草原局数据统计，1999 年我国荒漠化土地面积为 267.41 万 km^2，其中沙化土地面积是 174.61 万 km^2，分别占国土面积的 27.9%和 18.2%。经过 20 年的荒漠化治理，截至 2019 年末，我国荒漠化土地面积为 257.37 万 km^2，沙化土地面积为 168.78 万 km^2，相比 1999 年分别净减少了 10.04 万 km^2、5.83 万 km^2，取得了显著的治理效果，荒漠化地区植被恢复持续向好。我国高度重视荒漠化防治工作，把防沙治沙作为荒漠化防治的主要任务，并相继开展了“三北”防护林体系工程、京津风沙源治理工程、天然林保护工程、退耕还林还草工程、山水林田湖草沙一体化保护和修复工程等一系列重大生态工程项目。经过不懈努力，我国的荒漠化土地的面积呈现了大幅下降趋势，取得了“整体好转，改善加速”的良好治沙效果。但是每年因荒漠化造成的经济损失仍高达数百亿元，有近 4 亿人直接或间接受到荒漠化问题的困扰，占全球受荒漠化困扰人口总数的 40%。

针对荒漠化问题，国内外学者相继提出并实施了诸多治理措施，主要分为机械治沙、化学治沙、生物治沙三大类，其中生物治沙被视为最有效且能可持续发展的治理措施。然而荒漠化地区的水资源严重匮乏，每年降水量仅为几十至几百毫米，而蒸发量却是年降水量的几十至几百倍，导致苗木因缺水而难以成活，生态恢复成为难题。节水灌溉技术以其高效的水资源利用率和较高的苗木成活率，成为解决荒漠化问题、实现植被恢复的关键，也成了各国学者研究的热点。

本书基于国家“863”计划项目、国家自然科学基金项目和教育部重点项目的研究成果，主要剖析了由中国矿业大学（北京）生态功能材料研究所研发的一种用于干旱地区、半干旱地区、荒漠化地区、沙化地区等植树造林的新材料和新技术——“导水＋束水”复相介质导水材料技术。针对传统“孔式”渗灌技术存在的渗灌孔堵塞、渗水不均匀和土壤盐渍化等不足，创新性研发了一种基于“束水＋导水”的复相介质水流体导水材料技术，将该技术应用于荒漠化地区植被恢复，苗木成活率得到了大幅度提高。本导水材料技术是将复相介质导水材料、渗灌装备、渗灌工艺与传统技术结合而成的一种新型渗灌技术。复相介质导水材料由功能导水涂层和亲水性纤维复合而成。导水材料与3D渗灌器件结合制成渗水头，再与渗灌管道配合使用。本技术产品可根据苗木根部周围的土壤湿度自动调节渗水速度，确保苗木根部始终保持合理含水率。当外界温度升高或者干旱时，缓释导水材料加快其渗水速度以满足植物生长所需水分；当外界温度降低或者降雨时，缓释导水材料减慢其渗水速度甚至停止渗水。该功能渗灌产品通过分子渗水方式直接作用于植物根部，能够显著提高水分利用率，实现水资源的有效利用，目前已实现了规模化生产，形成了成熟的生产线。将该技术应用于接种率极低的沙漠名贵中药材——肉苁蓉的人工种植，大大提高了其接种率和产出率，接种率由传统的15%提高到了90%以上，生长量具有明显优势，在有效治理荒漠化的同时，也给当地带来了经济效益，并解决了当地农牧民的就业问题。

本书系统论述了复相介质材料设计、水流体热力学、水流体动力学、水流体结构动力学、渗灌器3D制造、自调节土壤湿度特性和复相介质材料的现场应用，揭示了复相介质的结构动力学变化规律，最后将复相介质水流体渗灌动力学理论并应用于现场实际生产和应用，并取得了显著效果。

本书内容参考了课题组成员张利梅、渠永平博士在读期间，和赵瑾、孙娜、宋鹏硕士在读期间的部分研究成果，在此对他们的辛勤工作和专业贡献表示衷心感谢！

限于时间、精力、水平等因素，疏漏之处在所难免，欢迎广大读者批评指正。

著　者

2024年11月

目　　录

第1章 概　　论

荒漠化是当今世界面临的首要环境问题。荒漠化地区由于常年严重缺水，年降水量是蒸发量的几十至几百倍。植被恢复是荒漠化治理的根本措施，水分是植被恢复的基本条件，过量用水不仅不能保证苗木成活，还因诱发了水资源的不可持续而导致生态进一步恶化。因此，水分的有效利用成为决胜荒漠化治理的关键。本章将就全球土地荒漠化、节水灌溉技术的研究现状，以及"束水＋导水"复相介质的渗灌动力学进行阐述和说明。

1.1　土地荒漠化

1.1.1　荒漠化是重大环境灾害

荒漠化是指"包括气候和人类活动在内种种因素造成的干旱、半干旱和亚湿润地区的土地退化[1-3]"。荒漠化直接的表现是人类在不断失去最基本的生存基础——有生产能力的土地。根据《联合国防治荒漠化公约(UNCCD)》2024年年初发布的公报显示，目前全球多达40%的土地已经退化，受此影响的人口达到32亿。其中，荒漠化土地面积达到3 600万 km^2，约占地球面积的1/4，其危害波及世界1/5的人口、1/3的陆地面积以及2/3的国家和地区。全球荒漠化区域主要位于亚洲、非洲、南美洲等气候干旱的发展中国家，超10亿人口受到荒漠化的负面影响，每年造成的直接经济损失达423万亿美元。在全球加大荒漠化治理的前提下，全球每年退化的土地面积达100万 km^2，且仍以每年5万～7万 km^2 的速度在扩展[4]。荒漠化的进一步加剧必将使得更多人口的生存遭受挑战，甚至可能导致人类福祉的改善趋势发生逆转[5-6]。然而，随着社会的发展，全人类对水资源、食物和能源的需求也在逐渐增长，其中粮食到2050年农业生产率增长需达到60%，而发展中国家则必须达到100%[7]。如果全球荒漠化的扩张趋势得不到缓解，这个目标将难以达到，到2050年，荒漠化可能影响全球3/4以上的人口，粮食危机将会在全球蔓延[8-9]。

荒漠化不仅仅吞噬土地，还因导致生态系统破坏而引发严重的自然灾害。自20世纪以来，全球多次发生因荒漠化导致的严重干旱灾害，土地沙化使当地生态平衡遭到巨大破坏，多达几百种动植物被灭绝，生物多样性急剧减少，人类的生命财产也遭受重创[10-11]。在非洲，撒哈拉沙漠的荒漠化和土地退化使得南部地区大面积的良田草场迅速成为不毛之地，引发了震惊世界的大饥荒[12-14]。在亚洲，由于荒漠化和土地退化，中国、阿富汗、巴基斯坦、印度及蒙古国等国家频繁发生沙尘暴[15-19]。其中在中亚地区，水域萎缩导致湖底盐碱裸露，在风力作用下大量盐碱吹向周围地区，形成“白风暴”和盐沙暴[20]。在大洋洲，由于牧场退化导致土地沙漠化的情况更为常见[21]。在北美洲，风蚀和水蚀导致的沙漠化使北美中部地区成为著名的尘暴区[22]。

荒漠化目前已经发展成为全球最严重的环境问题之一，其危害的深度和广度几乎超乎人们的想象，是其他环境问题所无法企及的重大灾害问题。荒漠化不仅涉及土地问题、生态环境问题，更涉及贫困和社会稳定问题。当荒漠化的扩展速度无法控制，其危害就演变成了经济和社会的巨大负担，就势必威胁到人类的生存与发展。古埃及文明、古代巴比伦文明等世界许多著名文明陨落的原因都让我们无法摆脱对荒漠化根源的追踪[23]。1992 年 6 月 3 日—14 日，在巴西里约热内卢召开的联合国环境与发展大会，将荒漠化防治作为全球治理的优先领域列入了《21 世纪议程》。1994 年 11 月 14 日，包括中国在内的 172 个国家在巴黎签署了《联合国防治荒漠化公约》，同年 12 月 19 日联合国大会通过了 A/RES/49/115 号决议，从 1995 年起，将 6 月 17 日定为“世界防治荒漠化与干旱日”，旨在进一步提高世界各国人民对防治荒漠化重要性的认识，唤起人们防治荒漠化的责任心和紧迫感[24-25]。

我国是世界上土地荒漠化最严重的国家之一。荒漠化地区横跨新疆、内蒙古、甘肃、青海、宁夏、河北、山西、陕西等 18 个省、自治区、直辖市等，其中，新疆、内蒙古、西藏、甘肃、青海占到了 95.48%[26-27]。我国荒漠化土地类型主要有 4 种，分别为风蚀荒漠化土地、水蚀荒漠化土地、冻融荒漠化土地、土壤盐渍化土地（图 1-1），其中又以风蚀荒漠化为主[23]。根据国家林业和草原局数据统计，1994 年，我国的荒漠化土地面积为 262.23 万 km^2，占国土面积的 27.3%。经过 40 余年的荒漠化治理，截至 2019 年底，我国的土地荒漠化面积约为 257.37 万 km^2，其中沙化土地面积为 168.78 万 km^2，分别占到国土总面积的 26.81% 和 17.58%[28]。我国高度重视荒漠化防治工作，把防沙治沙作为荒漠化防治的主要任务，并相继开展了“三北”防护林体系工程、京津风沙源治理工程、天然林保护工程、退耕还林还草工程、山水林田湖草沙一体化保护和修复工程等一系列重大生态工程项目。经过不懈努力，我国的荒漠化土地的面积呈现了大幅下降趋势，取得了“整体好转，改善加速”的良好治沙效果。但是据统计[29]，每年因荒漠化造成的经济损失仍高达 496 亿元，有近 4 亿人直接或间接受到荒漠化问题的困扰，占全球受荒漠化困扰人口总数的 40%。荒漠化导致人类生存环境恶化，沙尘暴频发。荒漠化使生物群落被破坏，许多物种日趋濒危或消亡。荒漠化还使得我国西北地区贫困加剧，进一步拉大了东西部区域之间及各民族之间的贫富差距。

(a)风蚀荒漠化土地

(b)水蚀荒漠化土地

(c)冻融荒漠化土地

(d)土壤盐渍化土地

图 1-1 我国四种荒漠化土地类型的地貌

综上所述,荒漠化是一个涉及土地、生态、环境、经济、民生等多角度的重大自然灾害,是人类必须加以研究和治理的重大环境问题。

1.1.2 荒漠化治理的根本途径是植被恢复

荒漠化治理是指针对已退化而自我修复又受挫的局域土地系统,采用科学技术的办法对该系统输入物质、能量和信息,使该土地系统的生产力得以有效恢复的工程措施。研究荒漠化治理及其方法一度成为全球各受害国的国家行为。美国、法国、以色列、澳大利亚等国家主要是从防治土地退化角度出发,在荒漠化影响因素和防治措施等方面开展研究[30-31]。土库曼斯坦、哈萨克斯坦等国是在土地荒漠化评价方面进行工作;以色列主要是以高效节水和提高水资源利用率为核心,通过节水措施来发展农林业[32-33]。我国也长期致力于荒漠化防治工作,自 1970 年以来累计投资数千亿元,相继启动了“三北”防护林体系建设、京津风沙源治理、退耕还林、水土流失治理等国家重点工程,对沙化区进行集中治理[34-36]。

国内外的长期研究表明,荒漠化治理最根本的途径是植被恢复。植物恢复[37]是指通过建立人工植被或保护和恢复天然植被,达到防风治沙、涵养水分、恢复土地结构、改善局部气候,实现土地生产力能够自我循环的技术措施。植物固沙是目前最简便易行、经济有效、可持续发展的一种固定流沙、阻截风沙、防止土地沙漠化的防沙治沙措施。其能有力促进流沙的成土过程和区域生物多样性的发展,形成了沙化区组织大规模治沙造林的重要选择。

1.1.3 植被恢复的关键因素是水分条件[38-39]

植被恢复的前提是植物能够在荒漠化土地上正常生长。植物正常生长的最基本的条件是阳光、空气和水，前两者由大自然来提供，而水资源却是一个限制因素。荒漠化地区年蒸发量往往是降水量的几十倍到几百倍，空气干燥，地下水资源贫乏，导致苗木难以成活[40-42]。若采用传统浇水的办法进行植被恢复，由于土壤保墒能力低，水分蒸发很快，导致大部分水分蒸发渗失，苗木对水分的利用率极低。若在干旱区采用频繁浇水的办法，将导致苗木根部水/氧比例严重失调，苗木成活率不但得不到保障，还会引发区域地下水位下降，水资源更加贫乏，荒漠化治理趋于失败，生态进一步恶化。因此，节水灌溉是荒漠化治理的必然选择。

1.2 节水灌溉技术的研究现状

节水灌溉技术[43]是指通过减少灌溉渠系供水过程中的水分蒸发和渗漏损失以提高灌溉水利用率的技术。我国人均水资源占有量仅为世界人均值的1/4，荒漠化地区更属于严重缺水地区，而节水灌溉技术对缓解我国水资源危机，提高荒漠化地区生态恢复的质量有着非常重要的现实意义[44-45]。目前全球用于荒漠化地区的节水灌溉技术主要有喷灌、滴灌和渗灌[46]。

1.2.1 喷灌技术

喷灌技术[47]是将水分由喷头喷射到空中形成细小液滴，喷洒在地面进行灌溉的一种方式，具有灌溉均匀、节约水资源、地形适应力强以及劳动生产率高等优点，但是喷灌设备投资高，耗能较多[48-49]，且受风和空气的影响大。喷灌最早是被用于19世纪末的果园和苗圃灌溉，二战后随着工业的发展开始被广泛应用。目前罗马尼亚的喷灌面积占全国灌溉面积的80%，美国喷灌面积占全国灌溉面积的50%，以色列喷灌面积占全国灌溉面积的30%[50]。我国从20世纪70年代开始引入和发展喷灌技术，已经历了一段长时间的发展阶段，尤其从1992年至1997年间喷灌面积由8 340 km^2增长到了12 670 km^2。由于其在促进光合作用方面的优势，到目前为止喷灌技术一般用在规模化农业作物区域[51-52]。

喷灌流体属于射流，射流喷嘴是关键器件。设Δp为喷嘴压力降，Pa；ρ为流体密度，kg/m^3；μ为射流喷嘴流量系数；Q为射流喷嘴理论流量，m^3/s；A_1、A_2为射流喷嘴进口、出口的横截面积，m^2，则射流喷嘴压力与流量的方程[53]为

$$\Delta p = p_1 - p_2 = \frac{\rho\mu^2 Q^2}{2}\left(\frac{1}{A_2^2} - \frac{1}{A_1^2}\right)$$

1.2.2 滴灌技术

滴灌技术是一种高效的新型节水技术。滴灌[54]是通过安装在滴灌管上的灌水器出水

孔使水流形成滴状进入土壤的一种灌溉技术,它能够较好地控制土壤水分和养分。早在1860年,德国Wiesben[55]首次进行了地下滴灌试验。1913年美国建成了第一个滴灌工程。20世纪60年代,以色列工程师Blass[56]将滴灌技术应用于大田作物,极大地提高了以色列农业灌溉的效率。20世纪80年代后期,滴灌技术相继在法国、日本、澳大利亚等国家,以及南非、中东等地区得到了快速推广和广泛应用[57-58]。我国从1974年由以色列引进滴灌技术并得到了大规模的应用,且在此基础上研发了膜下滴灌新技术[59],取得了较为显著效果。

滴灌属于微尺度下流体问题,该问题已偏离了经典流体理论。Eringen等[60]认为,当流道尺寸小到一定程度时,必须考虑流体分子的微观运动,此时流动应该呈粒子特征。而Ariman等[61]认为,当流道尺寸和流体粒子尺寸接近时,流体微团密度不再具有连续性。也有学者对微小流道的研究得出了一些不同观点。Harley等[62]研究发现流道的流动特性在特征尺寸为0.045 mm时出现了较大偏差,而江小宁[63]、王补宣[64]、李战华等[65]对0.1～0.9 mm尺度范围的微小流道的流体流动实验显示,微流道流场特征与宏观N-S模型的描述相当吻合。从整体上看,当流道特征尺寸相对较大时(0.1～0.9 mm),其流动特征大致与宏观理论相符;而当流道特征尺寸(几十微米甚至更小)较小时,其流动特征就明显偏离了宏观理论预测。20世纪90年代末,针对微尺度下流体流动模拟及其数字可视化成为该领域一个崭新方向。

当控制条件不同时,从层流到紊流的临界雷诺数Re会发生很大的变化,特别是微小流道中临界Re的值大幅度减小[66]。滴灌灌水器的水呈紊流态,流体层间互相渗透,产生了沿流体流动的速度和垂直于流动的脉动速度。因此同层流相比,紊流的脉动现象消耗了大量能量,使流动阻力显著增加,灌水器消能作用更强,进而出水均匀度更高。

采用κ-ε紊流模型描述灌水器微小流道中的水流[67],其流动微分方程组如下:

连续方程:$\dfrac{\partial \overline{\nu}_i}{\partial x_i}=0$

动量方程(N-S方程):$\dfrac{\partial \overline{\nu}_i}{\partial t}+\overline{\nu}_j\dfrac{\partial \overline{\nu}_i}{\partial x_j}=-\dfrac{\partial \overline{P}}{\partial x_i}+\gamma\dfrac{\partial^2 \overline{\nu}_i}{\partial x_j \partial x_i}-\dfrac{\partial}{\partial x_j}\overline{\nu'_i\nu'_j}$

κ方程(紊流动能方程):$\dfrac{\partial k}{\partial t}+\overline{\nu}_j\dfrac{\partial k}{\partial x_j}=P_k+D_k+\varepsilon$

ε方程(紊流耗散率方程):$\dfrac{\partial \varepsilon}{\partial t}+\overline{\nu}_j\dfrac{\partial \varepsilon}{\partial x_j}=P_\varepsilon+D_\varepsilon+E_\varepsilon$

其中,

$$P_k=-\overline{\nu'_i\nu'_j}\frac{\partial \overline{\nu}_i}{\partial x_j}$$

$$D_k=\frac{\partial}{\partial x_k}\left[(\gamma+\gamma_t)\frac{\partial k}{\partial x_k}\right]$$

$$P_\varepsilon=-C_{\varepsilon 1}\overline{\nu'_i\nu'_j}\frac{\varepsilon}{k}\frac{\partial \overline{\nu}_i}{\partial \overline{x}_j}$$

$$D_\varepsilon=\frac{\partial}{\partial x_k}\left[(\gamma+\gamma_t/\sigma_\varepsilon)\frac{\partial \varepsilon}{\partial x_k}\right]$$

$$E_\varepsilon=C_{\varepsilon 2}\varepsilon^2/k$$

$$\gamma_t=C_\mu k^2/\varepsilon$$

式中，ν 为速度大小；x 为位移大小；γ 为运动黏度系数；变量上方加"—"表示时间平均值(时均值)，变量右上方加"$'$"表示脉动值。常数 C_μ、$C_{\varepsilon 1}$、$C_{\varepsilon 2}$ 和 σ_ε 需要用典型流动的实验结果和算例结果作最佳拟合来得到。

与其他灌溉相比，滴灌是在外压力条件下的一种定量灌溉。滴灌滴头容易被水中的泥沙、钙化物、微生物以及盐类堵塞，增加了维护上的工程量，自 20 世纪 70 年代以来，解决滴头堵塞问题的研究持续进行[68]。

1.2.3 渗灌技术

渗灌技术是继喷灌技术和滴灌技术之后，成为又一种创新的节水灌溉技术。渗灌技术[69-70]是指在低压条件下，通过埋于作物根系活动层的多孔材料，如微孔管、多孔塑料、多孔橡胶、多孔陶瓷、多孔水泥、中空纤维等，将灌溉水通过"孔式"直接推入作物根系层，根据植物生长需求定时定量地向根部土壤渗水供给植物的灌溉技术。该技术具有减少地表蒸发和深层渗漏、管理便捷、节约劳力、适用各种复杂地形等优点。地面滴灌与地下渗灌技术对水分的利用对比如图 1-2 所示。由图可知，地面滴灌技术中的滴头渗水点水分是直接作用于地表，除了小部分水分能向下渗入到植物根部作用于作物根系外，其余水分通过地表蒸发和土壤间渗漏在水分浪费区被浪费；而渗灌滴头中的渗水点水分几乎全部作用于植物根部，既满足了作物根部对水分的需求，又避免了水分的浪费，因此渗灌技术对水分利用率和节水效率更高[71]，具有很大的发展前景。

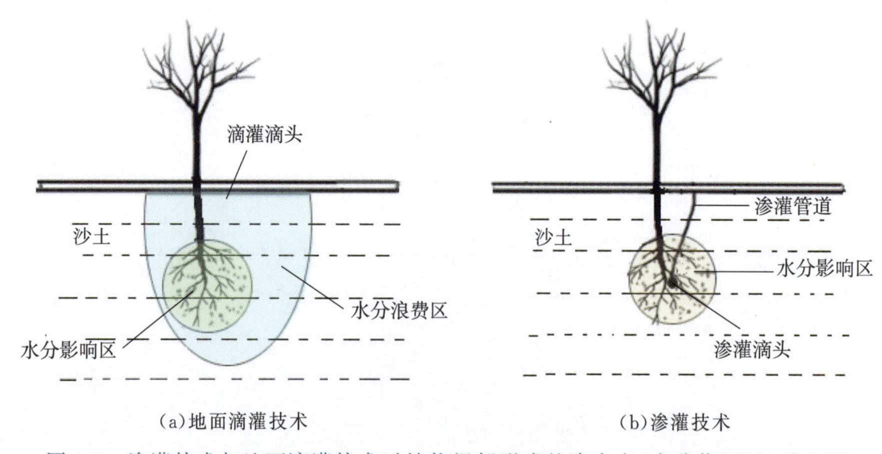

图 1-2 渗灌技术与地面滴灌技术对植物根部形成的渗水点(水分作用区)对比图

国内外关于渗灌技术的研究可以追溯到19世纪60年代。1860年，德国首次使用地下排水瓦管进行了地下灌溉试验。1913年，美国E.B.House[72]进行了地下滴灌的研究。20世纪40年代末，德国出现了用塑料管进行地下滴灌的研究。1959年地下滴灌在美国的加利福尼亚州和夏威夷州开始进行研究和试验。20世纪60年代以后，带有灌水器的聚氯乙烯管和聚乙烯管被应用于地下滴灌系统[73-74]。20世纪80年代初，美国研制成功了橡胶渗灌管。此后，法国、日本、比利时、美国、冰岛、意大利等国家也先后研制成功了以聚烯烃、废橡胶轮胎为原料的渗灌管。截至2007年末，渗灌技术已经在美国、法国、日本、澳大利亚及中东地区的部分国家广泛应用于棉花、玉米、甘蔗、蔬菜、果树、草地等室温、果园及绿化灌溉上，取得了很好的节水增产效果[75]。我国的地下灌溉可追溯到1 000多年前，山西省临汾地区出现了以泉水为水源的、在耕层下铺设0.4～0.6 m厚的鹅卵石作为蓄水通道的地下灌溉工程。几百年前，河南省济源地区通过在地下埋设由透水瓦片组成的“透水道”的方法进行灌溉。20世纪50年代以后，河南、山西、陕西、江苏等地相继开展了地下灌溉技术的研究。1974年中国开始进行渗灌工程试点。1989年，北京塑料研究所和北京市水利科学研究所合作研制了聚乙烯渗灌系统。1997年8月，河南省济源市水保所研制成功了一种新型XSG渗灌管，备受专家和学者的重视[76-79]。

对于微孔管式渗灌的动力学研究，1980年，Van Genuchten[80]建立了水饱和度与土壤基质吸力之间的关系式，通过求解得到自然状态下土壤水分饱和度对应的基质吸力：

$$S_m=\frac{1}{\beta}\left(\Theta_m^{-\frac{1}{m}}-1\right)^{\frac{1}{n}}$$

式中，Θ_m为自然状态下的水分饱和度；S_m为基质吸力，cm；β、n、m均为拟合参数。

1991年，Green-Ampt提出了一种简化的入渗模型，该模型假设了土壤是由一束直径不同的毛管组成，水在土壤入渗过程中湿润峰面上各点基质吸力均为S_m，且湿润峰面后面的土壤体积含水率θ均不变，渗透系数$k(\theta)$也为常数，又被称为活塞模型。设H为渗灌管外沿水头，z为湿润峰峰面推进距离，则向下渗流时间t_d与向下润湿峰运移距离z_d有如下关系式[81]：

$$t_d=\frac{\theta_s-\theta_0}{k(\theta_s)}\left[z_d-(H+S_m)\ln\left(\frac{H+S_m+z_d}{H+S_m}\right)\right]$$

向上渗流时间t_u与向上润湿峰运移距离z_u关系式为

$$t_u=\frac{\theta_s-\theta_0}{k(\theta_s)}\left[(H+S_m)\ln\left(\frac{H+S_m}{H+S_m-z_u}\right)-z_u\right]$$

横向水平渗流时间t_h与横向润湿峰运移距离z_h关系式为

$$t_h=\frac{\theta_s-\theta_0}{k(\theta_s)}\frac{z_h^2}{2(H+S_m)}$$

对多孔类的渗流方程采用修改过的Richard方程[82]，其表达式为

$$\frac{\partial\theta}{\partial t}=\frac{\partial}{\partial x}\left[D(\theta)\frac{\partial\theta}{\partial x}\right]+\frac{\partial}{\partial y}\left[D(\theta)\frac{\partial\theta}{\partial y}\right]+\frac{\partial}{\partial z}\left[D(\theta)\frac{\partial\theta}{\partial z}\right]-\frac{\partial K(\theta)}{\partial z}$$

转换为柱坐标条件下方程的基本表达式为

$$\frac{\partial\theta}{\partial t}=\frac{1}{r}\frac{\partial}{\partial r}\left[rD(\theta)\frac{\partial\theta}{\partial r}\right]+\frac{1}{r^2}\frac{\partial}{\partial\phi}\left[D(\theta)\frac{\partial\theta}{\partial\phi}\right]+\frac{\partial}{\partial z}\left[D(\theta)\frac{\partial\theta}{\partial z}\right]-\frac{\partial K(\theta)}{\partial z}$$

式中，θ 为体积含水率，%；r 为柱坐标系中的径向坐标，cm；z 为湿润峰峰面推进距离，取向下为正；t 为入渗时间，min；$D(\theta)$为多孔扩散率，%；$K(\theta)$为多孔非饱和导水率，$cm\cdot min^{-1}$。

1.3 “束水+导水”复相介质的提出

1.3.1 渗灌技术存在的问题

在荒漠化地区实施渗灌技术进行植被恢复，是一项节水效率很高的先进灌溉方式，但渗灌技术由于造价高、技术瓶颈和地形限制等原因，目前只能在少部分地区推广使用，仍没有实现广泛性、规模化的实施应用[8]。渗灌技术在技术层面自身还存在三个目前尚不能够完全克服的问题[83]。

1. 渗灌孔堵塞

渗灌孔的透水性能会随着时间的增长而逐渐降低。渗灌孔堵塞分为物理堵塞、化学堵塞和生物堵塞三种情况[84]。物理堵塞主要是指水中无法滤除的微颗粒或者土壤中的反向扩散颗粒在孔内的沉淀，其中水悬浮颗粒包括黏土、细沙、藻类、植物纤维、胶状物等。化学堵塞主要是指水环境 pH 及温度变化时水中或者土壤中溶解性矿物质在渗灌孔内的析出沉淀。生物堵塞主要是指水中或者土壤中微生物孢子、单细胞等生物体在适当的温度、含气量和流速条件下在渗灌孔内的团聚和繁殖。

2. 渗水不均匀

渗灌在低恒压条件下进行，管道内的压力变化对渗灌孔出口压力影响极大，导致渗灌流量出现较大的差别[85]。管道内的压力变化有三种情况：水流沿管道长度上出现压力降；水流在管道中的势能不一致；管道间流量或压力分配的不合理。

3. 土壤盐分积累

渗灌孔的土壤盐分积累[86]归结于渗灌孔的渗流量以及沿渗灌管总体向上的长时间水分运移，使盐分在表层土壤中逐渐积累起来，从而导致土壤的次生盐渍化、酸化及养分元素的失调。

1.3.2 复合导水纤维的提出

针对渗灌存在的问题，张增志等[87-88]提出了复合导水纤维的渗灌方式，以蓄水渗膜技术得到国家“十五”“863”项目重点资助。该技术是将“高吸水树脂(束水)+ 改性蒙脱土颗粒(导水)”复相涂层介质(以下简称“束水+导水”复相介质)预涂于纤维支撑体上构成复合导水纤维,再将该纤维与塑料膜复合制成蓄水袋,用蓄水袋装一定量的水直接置于苗木根部进行缓释供水,实现了造林成活率普遍提高 20%~35%,造林用水量仅仅是传统造林的2.5%~5.0%的显著效果,如图 1-3 所示。目前该技术已广泛应用于国内近百个区县和国外中东地区,研究成果获中国专利优秀奖。相关研究人员荣获“十五”内蒙古林业科技贡献奖(作为林业系统外唯一获奖者,该奖项每五年评选一次)。

该技术在解决渗灌存在问题方面的主要贡献如下:

(1)复合导水纤维的径向微尺度有效阻拦了各种粒子的介入堵塞,将“孔式”渗灌分解为沿复合纤维或复合纤维束的“细流体”渗灌。

(2)阴离子吸水树脂弱化了 Ca^{2+}、Mg^{2+} 等阳离子在渗水介质中的沉淀。

(3)将“孔式”渗流灌归结为更微观尺度上的黏土颗粒与树脂网束的介质渗水,大大弱化了水压力对渗流速度的影响,提高了不同渗点处的渗水均匀性。

(4)通过导水颗粒与树脂间的动态结构变化机制强化了自调节土壤湿度的功能,使土壤湿度更加趋于合理;也弱化了离子在土壤中的迁移性,使局部盐分积累得以缓解。

(a)未使用复相介质导水(2003.4.20)

(b)使用复相介质导水(2004.9.14)

图 1-3 复相介质导水应用于阿拉善国槐造林效果对比图

1.3.3 复相介质水流体研究进展

针对复相介质水流体的研究,国内科研人员进行了大量的工作,主要包括:复相介质水的传水特征、渗水规律、基于达西定律的宏观动力学方程、结构设计、材料加工工艺及生产线、现场应用研究等。

张利梅等[89]前期对复相介质做了许多基础性的研究工作。研究了复相介质导水在不同环境湿度下所对应的平衡吸湿量,从材料的平衡吸湿量和饱和吸水量确定材料所能保证的最低土壤湿度,实现了材料组分与环境湿度之间的可设计性。研究发现,复相导水材料的导水量随着环境湿度的增加而减小,不同组分的材料由于其本身的饱和吸水量导致的水势不同，因此可以适用于不同环境湿度的要求。提出了沿纤维水分分布梯度的概念，随着时间的增加，材料的导水量减少，土壤湿度增加，直到土壤湿度达到材料组分设定的范围，导水量趋于稳定。总结了聚丙烯酰胺官能团对蒙脱石颗粒的支配作用，导水材料吸水后，聚丙烯酰胺溶胀，材料含水率低时，聚丙烯酰胺呈收缩状态，蒙脱石颗粒“桥接”在一起，其片层结构形成水分运移的通道；含水率高时，蒙脱石颗粒被分离，产生断桥。

渠永平等[90]基于材料的结构特征，建立了渗灌导水材料水分一维水平运动方程，采用拉普拉斯变换法、Philip 解法、Parlange 解法和有限差分法这 4 种方法得到 4 种水分运动模型，通过分析确定了有限差分法建立的材料的入渗量模型用于指导生产的正确性。通过计算得到了导水率与时间的关系（$i\sim t$ 曲线）、导水率与出水端导水材料含水率的关系（$i\sim\theta_e$ 曲线）和不同时刻的导水材料湿度分布曲线。提出了导水材料利用水势差进行导水，从水分快速传导、导水率快速下降和缓慢地稳定传水等三个阶段论证了导水材料可以通过水势差的变化对导水速度实现自动态调节。

综上所述，解决荒漠化问题的根本途径在于生态恢复，生态恢复的关键因素是水分条件。在综合分析了现有节水灌溉技术的优缺点后，得出渗灌技术是未来造林的发展方向。为解决传统渗灌技术存在的关键问题，著名科研团队研发了“束水＋导水”复合介质渗灌技术，并对复相介质的材料制备和自动态传水机制进行了深入研究。本书将在后续章节阐述复相介质材料的制备，系统剖析复相介质水流体的热力学、动力学、结构动力学和动态变化机制，对复相介质水流体动力学从微观上结构动态规律到宏观上动力学推论形成了统一的理论体系，并在该理论体系基础上，对复相介质的设计、渗灌器的加工工艺和沙漠现场应用情况进行详细论述。

第2章 复相介质的设计与特征参数测定

为了系统研究复相介质材料结构和水流体热力学与动力学，对复相介质进行了材料制备、性能表征，并搭建了测试平台。通过实验得到与动力学相关的复相介质—水体系的含水率曲线、水分特征曲线、导水率特征曲线以及吸水倍率曲线。考虑到对复相介质—水体系进行取样分析的方便，测试平台将复相介质材料的导水直径放大到内径 ϕ18 mm、长度 150 mm（可认为无限远），便于以宏观结构规律来反映微观上的结构实质。

2.1 复相介质的设计

高吸水树脂具有较强的亲水和吸水特性，遇水后，树脂溶胀为网络交联结构。该结构先与水形成氢键结合层，在结合层外由于水分子的极性作用形成一层束缚水，束缚层外是自由水。由于树脂在水的作用下发生电离，阴离子固定在树脂高分子链上，多余的阳离子在树脂网络结构中间形成高浓度区，引起网络外部自由水向网络内部的渗透。该结构将树脂亲水和吸水特性转化成了网络束水和微孔传输水的作用。

蒙脱土是自然界中强亲水颗粒，它不同于其他黏土的是其层间域具有较大的广域空间，由此膨胀性和层间阳离子的可交换性强，使水在其表面和层域内表现为极强的导水特性[91]。此外，蒙脱土还与土壤有较强的相容性。

将高吸水树脂的网络“束水”特性与蒙脱土“导水”特性进行结合，用聚丙烯酰胺树脂与改性蒙脱土进行复合制备导水介质。

图 2-1 是吸湿后的聚丙烯酰胺（束水相）和蒙脱土（导水相）的 TG-DTA 热分析曲线。

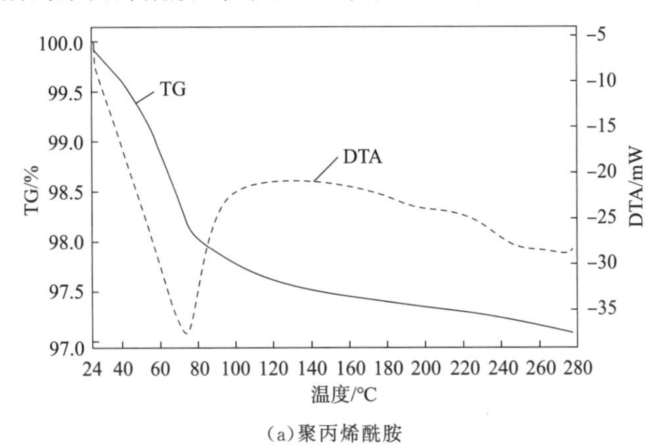

（a）聚丙烯酰胺

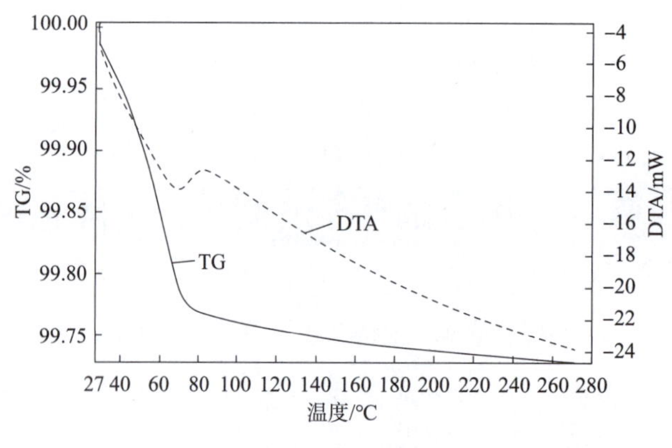

(b)改性纳基蒙脱土

图 2-1 聚丙烯酰胺和蒙脱土吸湿后的热分析曲线

由图 2-1 所示的聚丙烯酰胺和蒙脱土的热分析曲线可知，聚丙烯酰胺在脱水过程中的吸热谷远大于蒙脱土的吸热谷，其脱水失重过程所消耗的能量明显大于蒙脱土消耗的能量，即蒙脱土更加容易脱水。这表明聚丙烯酰胺与蒙脱土尽管都是超亲水物质，但聚丙烯酰胺对水的吸附力远大于蒙脱土对水的吸附力。聚丙烯酰胺趋于"束水"特性，蒙脱土趋于"导水"特性。利用这种对水分流体具有差异性的两种物质构建导水介质，可以控制水流体传水精度，为"孔式"渗水问题在准确性和可控性方面开辟新思路。

2.2 复相介质的制备

2.2.1 原材料

复相介质材料主要由聚丙烯酰胺(PAM)、钠基蒙脱土(Na-MMT，纯度 99.5%，325 目，IEC=100 mmol/100 g)和去离子水制备而成。主要实验设备包括精密电子天平、磁力搅拌器、数控超声波清洁器、电热恒温干燥箱等。

2.2.2 制备方法

将一定质量的聚丙烯酰胺粉末缓慢加入一定体积的去离子水中，在磁力搅拌器上搅拌直至完全溶解，经陈化后得到聚丙烯酰胺溶胶液，静置备用。采用同样方法将相应质量的钠基蒙脱土溶解于另一相同体积的去离子水中，磁力搅拌一定时长后再进行超声分散得到蒙脱土悬浮液静置备用。采用溶液共混法将聚丙烯酰胺溶胶液缓慢添加到蒙脱土悬浮液中，边添加边搅拌，直到最终得到的均一稳定的混合溶胶液。共制备了 7 种不同质量配比的混合液，在电热恒温鼓风干燥箱中 50 ℃温度下烘干后收集备用。复相介质样品的编号及组分配比见表 2-1。

表 2-1　复相介质的编号及组分配比

样品编号	聚丙烯酰胺/g	钠基蒙脱土/g	配　比
P1M3	0.1	0.3	1∶3
P1M4	0.1	0.4	1∶4
P1M5	0.1	0.5	1∶5
P1M6	0.1	0.6	1∶6
P1M7	0.1	0.7	1∶7
P1M8	0.1	0.8	1∶8
P1M9	0.1	0.9	1∶9

蒙脱土在水中的悬浮分散具有胶体颗粒特性，因此研究其在复相介质中的分散性能和粒径分布对复相介质材料的导水性能研究具有重要意义。为了使蒙脱土悬浮液中的颗粒分散更为均匀，在制备蒙脱土悬浮液时，需先采用磁力搅拌对其溶液搅拌一定时长，再对悬浮液分别超声处理 10 min 和 20 min，以分析不同超声处理时间对蒙脱土颗粒悬浮分散性的影响。采用 Mastersizer 2000 型激光粒度分析仪进行粒径测试。

图 2-2 所示为不同超声时间处理后的纳基蒙脱土的粒径分布图。从图中可以看出，蒙脱土粒径整体呈正态分布，颗粒分布均匀，分散性较好，没有团聚现象。蒙脱土颗粒的尺寸集中在 1.3～10 μm 之间，为超细胶体颗粒。采用超声 10 min 的蒙脱土悬浮液颗粒平均粒径 $D(4, 3)$为 7.504 μm，而采用超声 20 min 的蒙脱土悬浮液中颗粒平均粒径 $D(4, 3)$为 5.501 μm，颗粒更为细小。因此，实验选用磁力搅拌 60 min 后超声 20 min 作为制备蒙脱土悬浮液的条件。

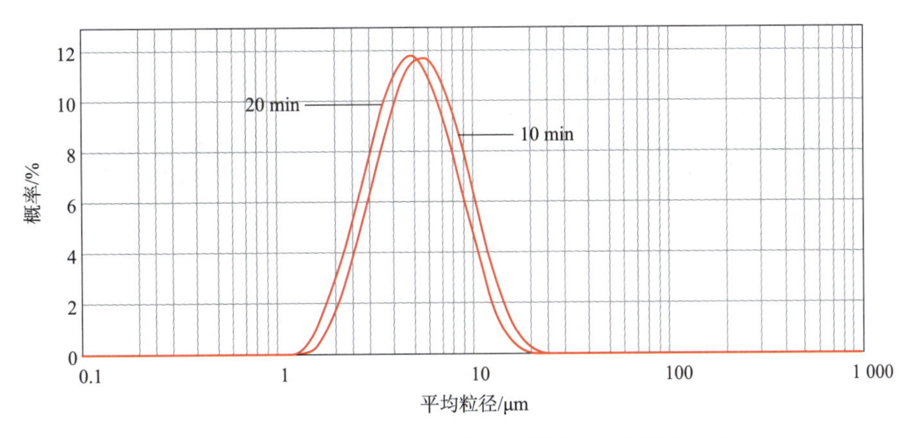

图 2-2　不同时间超声处理的钠基蒙脱土的粒径分布图

2.3 复相介质微观结构

将制备好的复相介质溶胶液在低温下进行烘干直至质量不再变化。采用 S-3400 型扫描电子显微镜对试样进行了显微观察。不同聚丙烯酰胺和蒙脱土的质量比条件下复相介质的表面微观形貌如图 2-3 所示。从图中可以看出，复相介质中蒙脱土颗粒表面均包裹聚丙烯酰胺，图 2-3(a)中蒙脱土的分散性最好，图 2-3(d)中蒙脱土的分散性最差。被包裹的蒙脱土颗粒间存在微孔，蒙脱土分散性越好，微孔的孔隙率越大，孔的比表面积越大。

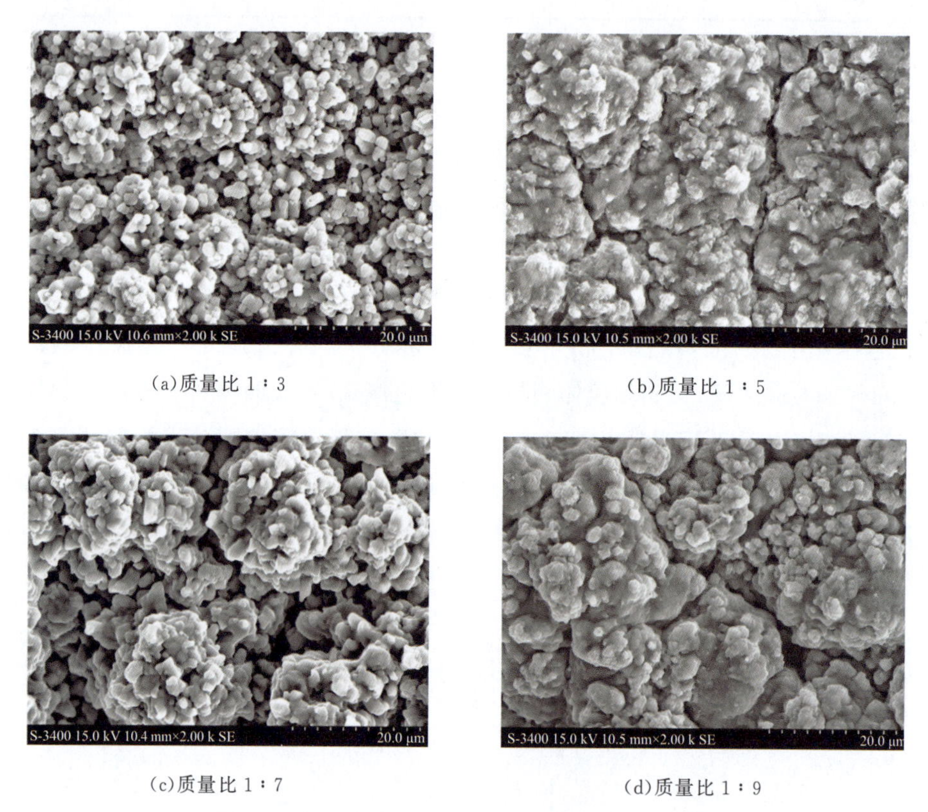

(a)质量比 1∶3　(b)质量比 1∶5

(c)质量比 1∶7　(d)质量比 1∶9

图 2-3　复相介质的表面微观形貌(放大 2 000 倍)

胶体的分散悬浮与其电解质特性有很大关系。一般情况下，可溶性电解质的极性越强，分散性越好；大分子或固相颗粒间静电斥力越大，分散性越好。当大分子或固相颗粒间的静电斥力大于其自身重力，且它们之间形成双电层斥力时，大分子或颗粒就会完全处于悬浮分散态。在胶体溶液中存在着三种排斥作用：蒙脱土颗粒之间的排斥作用、树脂和树脂之间的排斥作用以及蒙脱土与树脂之间的排斥作用。由于树脂的电解质极性远大于蒙脱土颗粒的电解质极性，因此当树脂相对于蒙脱土的浓度增加时，胶体溶液中的排斥作用将增强，有利于蒙脱土颗粒的分散；相反，当蒙脱土颗粒相对于树脂的浓度增加时，胶体溶液中的排斥作用将减弱，不利于蒙脱土颗粒的分散。

随着复合胶液中蒙脱土的含量增大，相应聚丙烯酰胺的相对含量降低，蒙脱土更加趋于团聚性；相反，蒙脱土的相对含量减少，而相应聚丙烯酰胺相对含量增加，使得蒙脱土在复相介质中分散性更加均匀。图 2-3(a)中蒙脱土颗粒尽管分散是最好的，但也能看出高吸水树脂占有一定的多余空间；图 2-3(b)中蒙脱土颗粒开始出现初步的团聚现象。为了使复相介质既结构均匀，又有足够的分散性，研究选取两者居中的比例，即聚丙烯酰胺与蒙脱土质量比为 1∶4。

为了进一步分析复相介质组分间作用力和结合情况，采用 Nexus 670 型傅里叶红外光谱仪对试样进行了红外光谱分析。图 2-4 为聚丙烯酰胺、蒙脱土和复相介质的红外光谱对比图，其中聚丙烯酰胺与蒙脱土质量比为 1∶4。

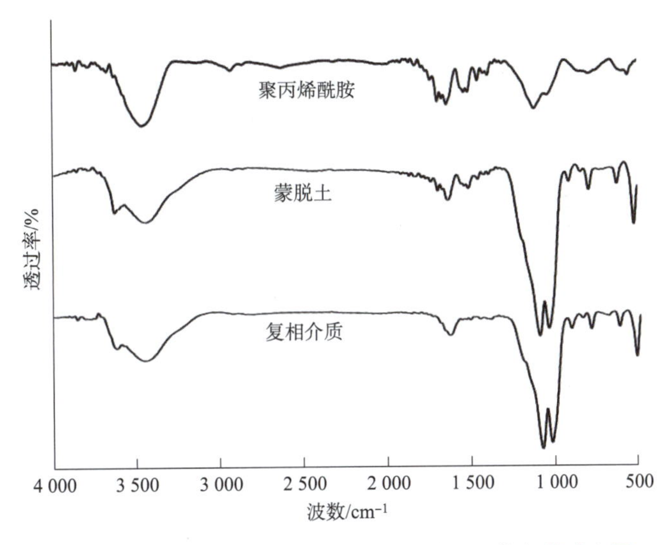

图 2-4　聚丙烯酰胺、蒙脱土和复相介质的红外光谱对比图

由图 2-4 可知，蒙脱土的红外光谱 3 624.5 cm^{-1} 对应蒙脱土结构水—OH 的伸缩振动峰，3 444.9 cm^{-1} 和 1 636.7 cm^{-1} 对应层间水—OH 的伸缩和弯曲振动峰，1 093.9 cm^{-1} 处对应硅氧八面体中 Si—O—Si 键伸缩振动峰[92]。与纯蒙脱土对比，复相介质中蒙脱土的官能团特征峰在试样中相应波数处都有呈现，且数值波动很小，其中 Si—O—Si 键伸缩峰虽有减小，但仍然在图中有所体现。复相介质中多出来的峰为聚丙烯酰胺组分对应的特征峰[93]，其中 3 461.2 cm^{-1} 处对应酰胺基的—NH 的伸缩振动峰，1 644.9 cm^{-1} 对应酰胺基的羰基吸收峰，1 538.8 cm^{-1} 对应—COO 特征吸收峰以及 1 453.1 cm^{-1} 处的—$CONH_2$ 的特征吸收峰。从整体上看，复相介质试样没有出现新的振动峰，说明蒙脱土和聚丙烯酰胺的结合是物理结合，蒙脱土在斥力下分布在聚丙烯酰胺网络空间。

采用 Diamond SⅡ型综合热分析仪对复相介质和高吸水树脂进行热分析测试。样品预处理条件：待测样品在 PQX 型多段人工气候箱 95%湿度下常温吸湿 60 h，直到样品质量稳定。热分析测试条件为：温度 30～300 ℃，升温速率为 8 K/min，实验条件为氮气（N_2）。图 2-5 所示为复相介质与高吸水树脂的热分析对比图。

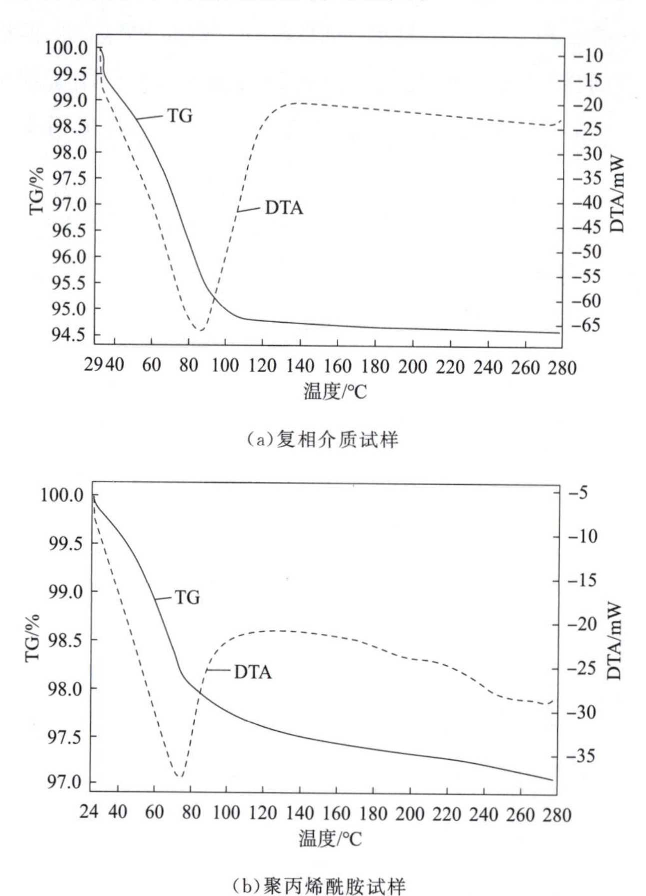

（a）复相介质试样

（b）聚丙烯酰胺试样

图 2-5　复相介质与聚丙烯酰胺热分析曲线对比图

由图 2-5 可知，从环境吸湿后的复相介质水失重主要发生在 80 ℃之前，而吸湿后高吸水树脂的失重发生在从室温到 280 ℃整个区间，且复相介质曲线斜率大，失重速率明显较快。从 DTA 对比曲线看出，通过切线法计算复相介质与高吸水树脂的脱附水吸热谷的面积表明相差不大，说明脱附水能量趋于一致。这表明蒙脱土颗粒的加入更有利于复相介质在更低的温度（<80 ℃）下失水传水，实现了复相介质在沙漠地表温度为 80 ℃以下适用范围。

2.4　复相介质—水体系含水率曲线的测定

导水过程含水率是指研究复相介质导水在同一水平上不同时间内沿水分流体方向上不同界面上的含水率，它反映了水分流体在物质内的流量态。

制备聚丙烯酰胺与蒙脱土质量比 1∶4 的胶体分散液，将该胶体分散液烘干、制粉，再装入导水测试管中进行测量，测量平台如图 2-6 所示。长方体盛水容器的某一面钻一个直径为 18 mm 的圆孔，导水测试管选用内径为 18 mm、长度 150 mm 的有机玻璃管，管上每隔 10 mm 钻一个小孔，方便后续取样测定含水率。有机玻璃管上的小孔用透明薄膜密封后再在管内装满复相介质粉末。然后将有机玻璃管一端固定组装于小容器的圆孔处，另一端用细纱布封住，这样保证了透气性。测量前，将胶体分散液放入电热恒温鼓风干燥箱中 60 ℃干燥后制备粉碎成粉末，过 200 目筛得到分散性好的复相介质粉末，再将该粉末装入有机玻璃测试管中进行振实。

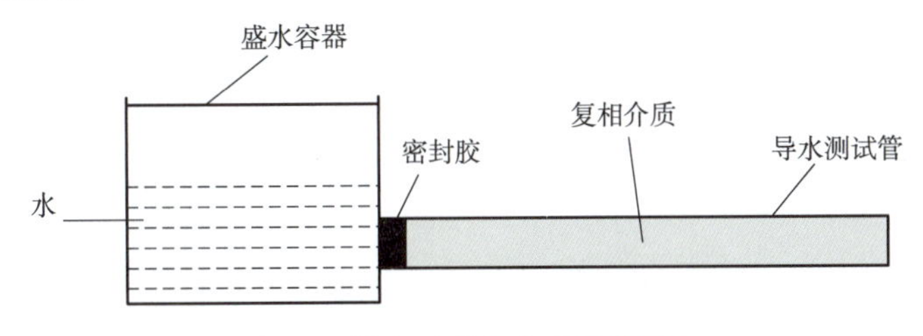

图 2-6　导水过程含水率测量平台

测量时始终保持盛水容器内的水面要比 $\phi18$ mm 侧面孔高出 1 cm(可以近似忽略重力影响)，每隔一定时间，从 11 个测量孔中的管内中间位置取样，通过精密电子天平测定其含水率。整个测量过程中，定时给容器加水，以保证容器中水液面保持一致。

图 2-7 是测定的复相介质开始导水后 10 min 和 60 min 的含水率曲线。从图中得知，随着导水时间的增加，复相介质中聚丙烯酰胺溶胀沿测试管向前推进。靠近小容器水的位置含水率为 40%。10 min 后，在 $x=3.5$ cm 的位置含水率曲线出现拐点，$x>5$ cm 复相介质含水率趋于 13%的恒定值。60 min 后，溶胀峰向前推进 7 cm 左右，$x=10$ cm 处的含水率回落到约 14%。

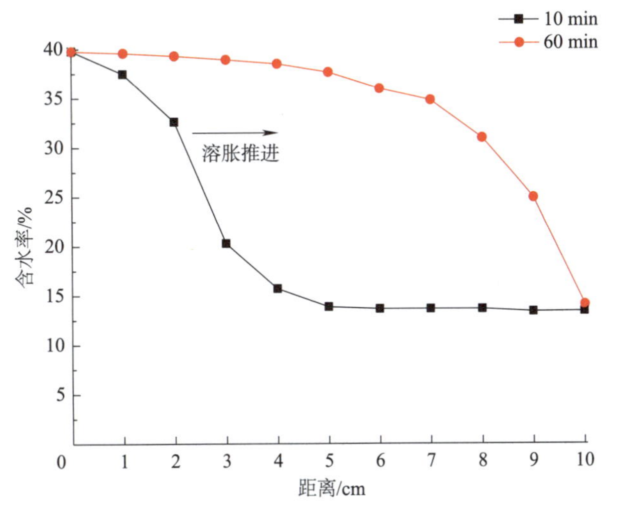

图 2-7　复相介质导水开始后 10 min 时和 60 min 时的含水率曲线

在假定无穷远的干燥均质介质中，沿导水方向含水率的变化曲线表明：

(1)复相介质的导水过程是自发进行的。

(2)沿导水方向复相介质渗水过程表现为以树脂溶胀为主的渗水特征和以蒙脱土颗粒导水为主的渗水特征两部分构成。

线性高吸水树脂分子链在吸水前由氢键结合和物理结合缠结在一起，吸水后逐渐发展成树脂网络体系，但是，由于钠基蒙脱土的加入，使吸水初期的树脂网络结构难以形成。本书将在后续第 5 章和第 6 章的结构动力学分析中深入研究这一规律。

因此，在分析研究复相介质导水过程时，可将流体动力学过程分为两种情况：含水率高的复相介质(树脂溶胀形成网络)和含水率低的复相介质(树脂尚未形成网络结构)。

2.5 复相介质—水体系水分特征曲线的测定

水分特征曲线[94]是表示物质的基质吸力与含水率的关系曲线，它反映了物质中水分能量和数量之间的关系。复相介质树脂和蒙脱土均属于亲水物质，厘清其水分特征曲线对研究其水分流体具有重要意义。

目前测量复杂相水分特征曲线的方法有张力计法、离心机法和压力膜法等[95]，其中压力膜法测定结果较好，但耗时太长[96]；张力计法仅能测定低吸力范围 0～0.08 MPa 的特征曲线，不能满足实验要求。而离心机法具有测定时间短，测定吸力范围较宽且曲线相符性好等优点，被广泛应用于含水介质的水分动态测定[97-98]。因此实验采用离心机法测定复相介质导水的水分特征曲线，其原理是在一定转速下，将离心力场的势能换算成对水分传导方向上的基质水势，将离心转速换算成对应复相介质水吸力。关系转换过程推导如下：

在离心场中基准水面势 ψ_2 和任意高度的复相介质水势 ψ_1 的差值，可由下列公式求得[99]

$$
\begin{aligned}
\psi_2-\psi_1 &= \int_{r_1}^{r_2} r\omega^2 \mathrm{d}r=\frac{1}{2}\omega^2(r_2^2-r_1^2) \\
&= \frac{1}{2}\omega^2(r_2+r_1)(r_2-r_1) \\
&= \frac{1}{2}\omega^2 h(2r_2-h) \\
&= \omega^2 h\left(r_2-\frac{h}{2}\right)
\end{aligned}
$$

式中，ω 为离心角速度，rad/s；r_2 为基准面的转动半径，cm；r_1 为测定试样中心的转动半径，cm；h 为试样中心高度，$h=r_2-r_1$，cm，如图 2-8 所示。

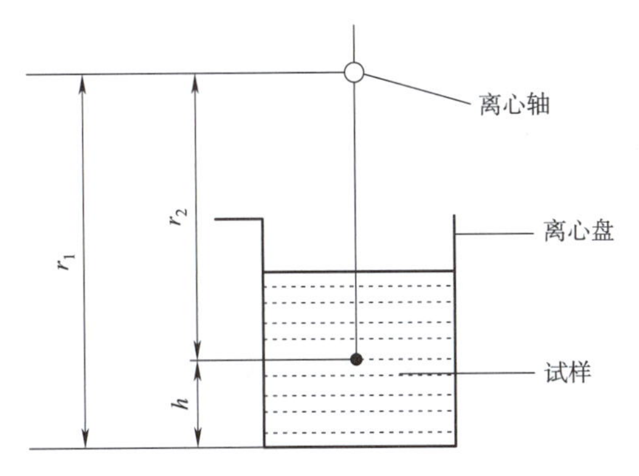

图 2-8　装试样的离心盒的结构

将离心力场的离心势能换算成重力场的毛管势 ρgH(设水的密度为 1 g/cm^3),因此得到

$$\rho gH=\rho h\omega^2\left(r_1-\frac{h}{2}\right)\Rightarrow$$

$$H=h\frac{\omega^2}{g}\left(r_1-\frac{h}{2}\right)=h\left(r_1-\frac{h}{2}\right)\frac{\left(\frac{2\pi n}{60}\right)^2}{980}$$

$$=h\left(r_1-\frac{h}{2}\right)\times 1.119\times 10^{-5}n^2$$

式中,n 为转速,r/min;r_1 为离心半径,cm;h 为复相介质试样的中心高度,$h=h_0/2$(h_0 为装入环刀的试样初始厚度),cm;H 为水柱高度,cm。当 n、r_1、h_0 均已知时,H 的数值就可以算出来。

对复相介质的水分特征曲线进行测定的具体过程如下:

测量仪器为 CR22GⅡ型高速恒温离心机,如图 2-9 所示。在恒定室温下,用环刀取适量制备好的复相介质试样,称重质量记为 m_0。然后将试样放入离心机中,设定多个转速和时间程序,每当一个转速程序结束,即取出试样,称重质量记为 m_1。

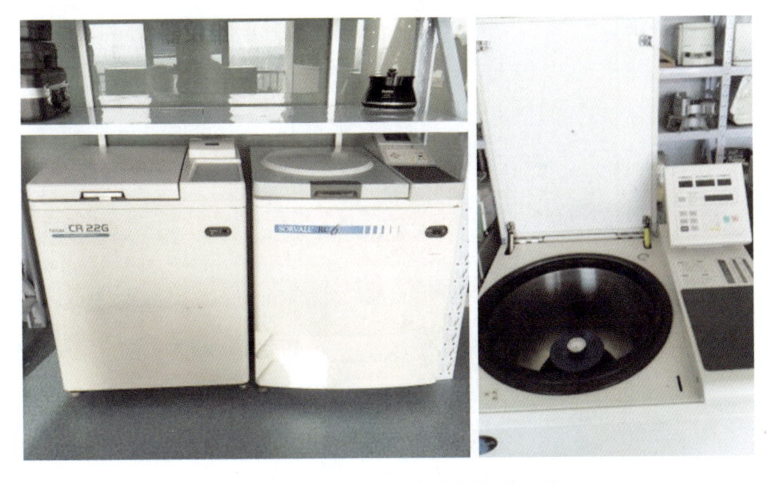

图 2-9　CR22GⅡ型高速恒温离心机

当全部的设定程序都运行完后，将试样在电热恒温鼓风干燥箱中烘干，试样干重记为 m_2。复相介质试样的载体环刀的质量记为 $m_{环}$。因此，试样含水率

$$\theta=\frac{m_1-m_2}{m_2-m_{环}} \tag{2-1}$$

基质势是反映非饱和复相介质与水之间相互作用的一种负压力势（以自由水水势为参考标准），为了表述方便且避免负值带来的影响，将基质势的负数定义为基质吸力。它是用来反映基质对水分的吸持作用，与基质势 ψ_m 大小相等，方向相反。单位质量基质水的水势称为水头，用 s 表示，单位为 cm，其数值上和同样高度的水柱所含有的压强值相等。因此为了计算上的方便，将基质势和离心势之间通过水势换算变成水头 s[100]。

在实验中，对于特定型号（CR22GⅡ型）的高速离心机，其离心半径 R 为已知常数。当转速小于 8 830 r/min 时，$R=9.8$ cm；当转速大于或等于 8 830 r/min 时，$R=11.7$ cm。试样初始厚度 $h_0=4$ cm，则 $h=2$ cm；转速 n 为设定值，是已知数；故 H 的计算公式可以简化为[101]

$$H=1.119\times10^{-5}\times2Rn^2 \tag{2-2}$$

式中，H 在数值和方向上均和基质水吸力 s 相同，根据不同转速即可求出相应的水吸力值，对应的试样的含水率可通过式(2-1)计算得出。

图 2-10 为实验得出的复相介质的水分特征曲线图。图中的数据点为实测数据，运用 Origin 8.0 软件对该实测数据进行曲线拟合得到图中的拟合函数曲线。拟合曲线对实测值的拟合程度可以用决定系数 R^2 来评价。决定系数 R^2 表示为回归平方和在总平方和中所占的比例，R^2 的值介于 0～1，越接近 1，说明回归曲线对实测值的拟合程度越好。经计算，试样的水分特征曲线拟合方程和决定系数 R^2 为

$$\begin{cases}s=1.985\theta^{-3.493}\\R^2=0.931\end{cases} \tag{2-3}$$

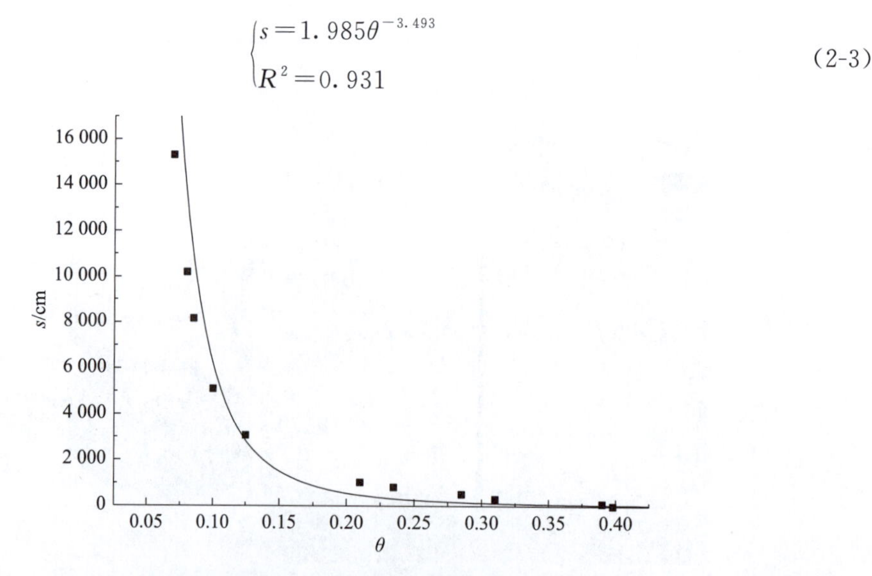

图 2-10 复相介质试样的水分特征曲线

2.6　复相介质—水体系导水率特征曲线的测定

导水率 K 特征曲线作为表示物质含水量与导水率的关系曲线，反映了物质导水率随其含水量的变化。

采用了垂直柱体上渗试验测定复相介质试样的非饱和导水率[100]，利用马氏瓶维持水位并测出补给的水量 q，采用负压计测出沿柱体垂直方向的吸力分布 $\partial s/\partial z$ 分布，得到含水率 θ 下的导水率 $K(\theta)$ 值，即

$$K(\theta)=\frac{q}{\dfrac{\partial s}{\partial z}-1}$$

图 2-11 为试样的非饱和导水率曲线图。图中的数据点为实测数据，运用 Origin 8.0 软件对该实测数据进行曲线拟合得到拟合函数曲线。拟合计算后得到的复相介质试样非饱和导水率方程和决定系数 R^2 为

$$\begin{cases}K(\theta)=8.274\times10^{11}\theta^{23.77}\\R^2=0.953\end{cases}\tag{2-4}$$

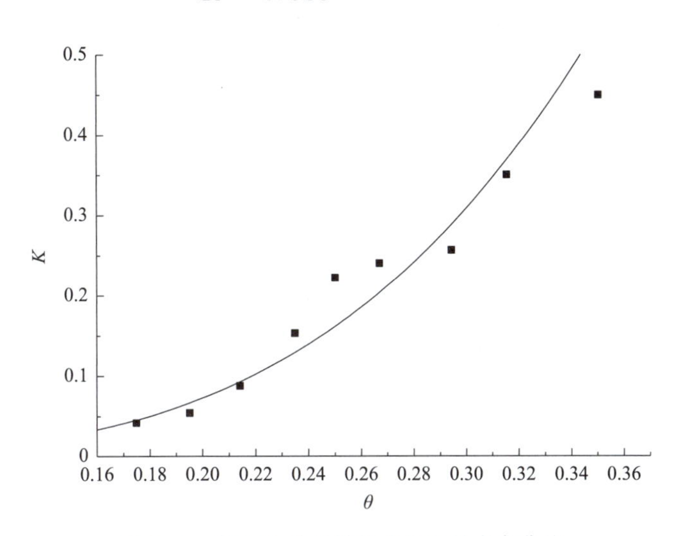

图 2-11　复相介质试样的非饱和导水率曲线

通过以上分析，分别得到复相介质—水体系的水分特征曲线方程和导水率方程。这两个方程将会用于后续第 4 章的水分扩散率 $D(\theta)$ 的计算，得到复相介质的水分扩散率

$$D(\theta)=154.36\theta^{8.05}\tag{2-5}$$

2.7 复相介质—水体系吸水倍率曲线的测定

将不同配比的聚丙烯酰胺和蒙脱土的混合胶液在玻璃培养皿中于 60 ℃温度下烘干，然后用统一规格的丙纶纱布将干试样包住称重，在室温下放入去离子水中吸水，每隔 5 min 中取出并用滤纸快速吸干试样表面的水分，用精密电子天平称重，直到试样质量稳定不再明显变化。用称量结果减去细纱布的质量即为试样吸水前后的质量(实验过程中丙纶纱布所吸水分可忽略不计)。丙纶纱布包装好的试样吸水前的质量记为 m_1，t 时刻吸水后的质量记为 m_t，丙纶纱布的质量记为 m_0，则吸水倍率 Q 为

$$Q=\frac{m_t-m_1}{m_1-m_0} \tag{2-6}$$

图 2-12 为不同配比的复相介质的吸水倍率曲线图。由图可知，树脂含量高的复相介质对应的饱和吸水量也高。在前 5 min 内，不同比例的复相介质的吸水倍率几乎一样；之后的 5～25 min，树脂含量高的 P1M4 试样的吸水倍率反而低于树脂含量低的 P1M8，这说明尽管树脂的吸水性和吸水量高于蒙脱土，但在吸水初期其吸水速率却相对低于蒙脱土，也就是说，聚丙烯酰胺在复相介质初期吸水过程中蒙脱土也在进行吸水。

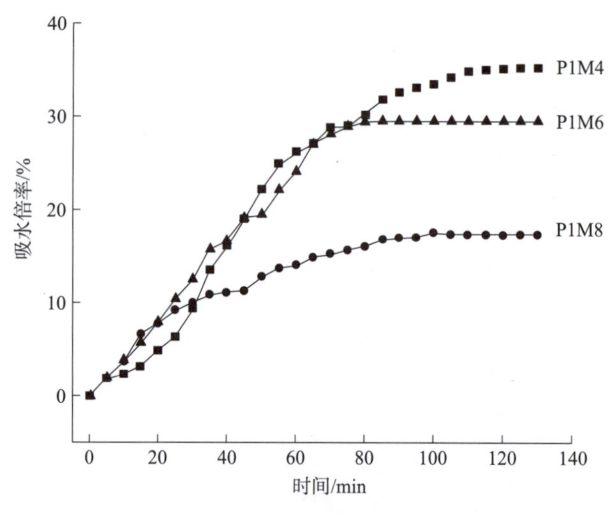

图 2-12 不同配比的复相介质的吸水倍率曲线

第3章 复相介质的水流体热力学方程

自然界中任何可以发生流动的体系中，由于自由能差异，水从含水量高的区域向含水量低的区域发生扩散或迁移是自发的。复相介质流体结构上虽具有一定多孔特征，但能否实现流动取决于介质相的位能，这一流动特征与传统的流体力学规律已相差甚远，应归结于复杂多相体系的热力学描述。

材料的体积含水量可以通过实验直观测出，但这一参数并不是热力学状态参数。早在1910年，Lewis定义了复杂体系自由能G、内能U、体积V等热力学状态函数对某一组分的偏摩尔量的概念。它表示保持温度T、压力p和除某一组分外其他组分的摩尔数不变情况下，向体系中加入1 mol该组分物质所引起整个体系的热力学性质的变化量，对吉布斯自由能G和偏摩尔自由能$\overline{G}_i$，可以将水看作为复相介质流体中的一个组分。1960年，Slatyer等[102]就给出了水势定义，依据化学势的概念，将水势定义为以体系水的偏摩尔自由能$\overline{G}_w(\mu_w)$与参照标准状态下自由纯水的偏摩尔自由能$\overline{G}_{0w}(\mu_w^0)$之差值$\Delta\mu_w(\Delta\mu_w=\mu_w-\mu_w^0)$来表示，该定义又可表述为体系水的化学势与同温度下纯水的化学势的差值$\Delta\mu_w$，其量纲是"能量单位"[尔格/摩尔(erg/mol)或尔格/克(erg/g)，1 erg$=10^{-7}$ J]，表征单位质量水所具有的能量，也称为质量水势，因此有

$$\overline{G}_i=\mu_w$$

由于水势表征了水的偏摩尔自由能，因此水势差$\Delta\mu_w=\mu_{w,B}-\mu_{w,A}$可用以表征水运动的方向和程度。若$\Delta\mu_w<0$，则水将由水势高的$A$点自发流向水势低的$B$点，直到两点水势相等为止。

本章将对初始态介质水流体热力学方程、复相介质纯水流体热力学方程、复相介质多组分溶质水流体热力学方程、复相介质—水—空气体系水自由能热力学方程、水势方程进行推导和建立。对低含水率复相介质，其基质势与含水率的关系目前尚不能进行理论上的具体计算。通过将经验方程式(2-3)代入到式(3-24)，得到低含水率条件下复相介质水流体的热力学方程表达式。对高含水率复相介质，由于高吸水树脂处于网络状态，具有了网络吸水和毛管导水特征。而导水颗粒由于树脂内自由水的存在，且受到树脂阴离子基团和其他蒙脱土颗粒的静电排斥，而处于游离分散状态，因此，高含水率下复相介质水流体近似看作树脂网络内水扩散问题。

3.1 初始态介质水流体热力学方程

热力学可用来判断复相介质中水流体过程是否可能发生以及发生的程度，这种判断需要借助热力学状态函数进行。

内能U是体系内部所有质点的无规则热运动和分子间相互作用势能的总和。焓H是表示特定温度下物质所含有的热量一个状态函数。熵变ΔS是体系吸收（或放出）的热量与绝对温度的商值，熵S是表征体系混乱度的量度。吉布斯自由能G表征等温等压下体系的能量状态（等温等压位）。当体系温度为T、压力为p、体积为V时，则有

$$H=U+pV \tag{3-1}$$

$$G=H-TS \tag{3-2}$$

将式(3-1)代入式(3-2)得

$$G=U+pV-TS \tag{3-3}$$

对于热力学封闭体系，体系与环境间仅有能量交换而无物质交换，能量交换是体系与环境间通过做功和热交换过程发生能量传递而实现的。根据热力学第一定律，设一个体系经过一个过程，由始态1到终态2，这个体系从环境吸收了热量Q，对环境做了W功，则该体系内能变化为

$$\Delta U=U_2-U_1=Q-W \tag{3-4}$$

式中，功W包括一切功，可分为由压力所做的体积功W_a和非压力（其他外力场）所做的功W_f。

假定树脂的体积溶胀可忽略不计，则式(3-4)可写为

$$\Delta U=Q-(W_a+W_f) \tag{3-5}$$

由于$W_a=p\Delta V$，则有

$$\Delta U=Q-p\Delta V-W_f \tag{3-6}$$

用微分形式表示，即

$$dU=\delta Q-p dV-\delta W_f \tag{3-7}$$

对热力学可逆过程，热力学第二定律可表示为

$$\delta Q=T dS \tag{3-8}$$

将式(3-8)代入式(3-7)，求得最大非体积功

$$W_{f,max}=-dU-p dV+T dS \tag{3-9}$$

式(3-9)两边各加$SdT-Vdp$，得

$$-d(U+pV-TS)=SdT-Vdp+\delta W_{f,max} \tag{3-10}$$

再将式(3-3)代入式(3-10)，得

$$-dG=SdT-Vdp+\delta W_{f,max}，\quad 或-dG_{T,p}=\delta W_{f,max} \tag{3-11}$$

同理，对热力学不可逆过程，由于 $\delta Q < T\mathrm{d}S$，则有

$$-\mathrm{d}G > S\mathrm{d}T - V\mathrm{d}p + \delta W_{\mathrm{f}}, \quad 或 -\mathrm{d}G_{T,p} > \delta W_{\mathrm{f}} \tag{3-12}$$

以上分析表明，在等温等压过程中，一个封闭体系的自由能减小是用于做非体积功。对于可逆过程，体系自由能减小等于体系所做最大非体积功。对于不可逆过程，体系所做的非体积功小于体系自由能减小。复相介质中水流体基本上是在等温等压条件下进行的，加之自由能可反映在等温等压过程中体系所含有最大功的能量，即可反映复相介质中水流体能量的有效性，因此复相介质水流体的能态完全可用自由能来表征。由此式(3-11)可作为复相介质水自由能在最初始态介质中的热力学方程。

3.2　复相介质纯水流体热力学方程

假设不考虑复相介质中重力势能(复相介质高度差可以忽略不计)，以水为体系，复相颗粒及其空隙(空气)为环境，则式(3-11)中的非体积功主要为孔隙毛管力及固相表面吸附力对水所做非体积功 $y\mathrm{d}x$(y 表示强度因素，x 表示容量因素)。式(3-11)中，$-\delta W_{\mathrm{f,max}}$ 表示可逆过程中体系(纯水)对环境所做最大非体积功，取负号。但是水本身不具备对介质做功的条件，实际上是上述环境对体系(纯水)做非体积功 $y\mathrm{d}x$，故应取正号。则对复相介质—水体系，式(3-11)应表示为

$$\mathrm{d}G = -S\mathrm{d}T + V\mathrm{d}p + \sum y\mathrm{d}x \tag{3-13}$$

式(3-13)表示在组分 n 不变的复相介质—水体系中，水自由能 G 是温度 T、压力 p、力功容量因素 x 的函数，即

$$G = f(T, p, x)$$

则有

$$\mathrm{d}G = \left(\frac{\partial G}{\partial T}\right)_{p,n,x}\mathrm{d}T + \left(\frac{\partial G}{\partial p}\right)_{T,n,x}\mathrm{d}p + \sum\left(\frac{\partial G}{\partial x}\right)_{T,p,n}\mathrm{d}x \tag{3-14}$$

比较式(3-13)和式(3-14)，可知

$$\left(\frac{\partial G}{\partial T}\right)_{p,n,x} = -S, \quad \left(\frac{\partial G}{\partial T}\right)_{T,n,x} = V, \quad \left(\frac{\partial G}{\partial x}\right)_{T,p,n} = y$$

3.3　复相介质含有多组分溶质的水流体热力学方程

式(3-13)和式(3-14)仅适用于与环境无物质交换的封闭体系。在实际复相介质—水体系中，不仅含有多种组分(离子、树脂等)，而且各组分含量也会发生变化。由此，复相介质水自由能不仅是 T、p、x 的函数，还是溶质组分及其含量(摩尔数 n_i)的函数，即 $G = f(T, p, n_i, x)$，因此有

$$G=\left(\frac{\partial G}{\partial T}\right)_{p,n,x}\mathrm{d}T+\left(\frac{\partial G}{\partial p}\right)_{T,n,x}\mathrm{d}p+\sum_{i=1}^{k}\left(\frac{\partial G}{\partial n_i}\right)_{T,p,n_j,x}\mathrm{d}n_i+\sum y\mathrm{d}x$$

或

$$\mathrm{d}G=-S\mathrm{d}T+V\mathrm{d}p+\sum_{i=1}^{k}\left(\frac{\partial G}{\partial n_i}\right)_{T,p,n_j,x}\mathrm{d}n_i+\sum y\mathrm{d}x \tag{3-15}$$

假设以 1 mol 水为研究对象，式(3-15)中的 G、S、V 均可以用水的偏摩尔量表示，则

$$\mathrm{d}\overline{G}=\left(\frac{\partial \overline{G}}{\partial T}\right)_{p,n,x}\mathrm{d}T+\left(\frac{\partial \overline{G}}{\partial p}\right)_{T,n,x}\mathrm{d}p+\sum_{i=1}^{k}\left(\frac{\partial \overline{G}}{\partial n_i}\right)_{T,p,n_j,x}\mathrm{d}n_i+\sum \overline{y}\mathrm{d}x$$

式中，

$$\mathrm{d}\overline{G}=-S\mathrm{d}T+V\mathrm{d}p+\sum_{i=1}^{k}\left(\frac{\partial \overline{G}}{\partial n_i}\right)_{T,p,n_j,x}\mathrm{d}n_i+\sum \overline{y}\mathrm{d}x$$

$$\left(\frac{\partial \overline{G}}{\partial T}\right)_{p,n,x}=\left[\frac{\partial}{\partial T}\left(\frac{\partial G}{\partial n_i}\right)_{T,p,n_j,x}\right]_{p,n,x}=\left[\frac{\partial}{\partial n_i}\left(\frac{\partial G}{\partial T}\right)_{p,n,x}\right]_{T,p,n_j,x}=-\overline{S}$$

$$\left(\frac{\partial \overline{G}}{\partial p}\right)_{T,n,x}=\left[\frac{\partial}{\partial p}\left(\frac{\partial G}{\partial n_i}\right)_{T,p,n_j,x}\right]_{T,n,x}=\left[\frac{\partial}{\partial n_i}\left(\frac{\partial G}{\partial p}\right)_{T,n,x}\right]_{T,p,n_j,x}=-\overline{V} \tag{3-16}$$

其中，$\overline{G}$ 为水的偏摩尔自由能；$\overline{S}$ 为水的偏摩尔熵；$\overline{V}$ 为水的偏摩尔体积；$\overline{y}=\left(\frac{\partial G}{\partial x}\right)_{T,p,n}$ 表示作用于 1 mol 水的毛管力、表面吸附力等作用力。

3.4 复相介质—水—空气体系中水自由能及热力学方程

3.1～3.3 节是把复相介质水单独作为一个体系加以讨论，考虑水和复相介质、空气之间有热功交换，因此式(3-13)中有 $\sum y\mathrm{d}x$ 项。而实际上，复相介质中既含有束水树脂，又含有导水颗粒，复相介质—水—空气三相的总含水率对体系的自由能影响极大。因此需要将复相介质—水—空气三相整体当成一个体系，则该体系内的热功交换可看作体系内部过程，此时水已成为体系组成中的一个成分，内部毛管力、吸附力等做功的过程（$\sum y\mathrm{d}x$）可以不再列入方程中。而体系含水率的变化必然会引起体系自由能的变化，由此，复相介质—水—空气体系中水自由能可表示为多元函数 $G=f(T,p,n_{\mathrm{w}},n_i)$，有

$$\mathrm{d}G=-S\mathrm{d}T+V\mathrm{d}p+\left(\frac{\partial G}{\partial n_{\mathrm{w}}}\right)_{T,p,n_j}\mathrm{d}n_{\mathrm{w}}+\sum_{i=1}^{k}\left(\frac{\partial G}{\partial n_i}\right)_{T,p,n_j}\mathrm{d}n_i \tag{3-17}$$

以 1 mol 水为分析对象，故

$$\mathrm{d}\overline{G}=-\overline{S}\mathrm{d}T+\overline{V}\mathrm{d}p+\left(\frac{\partial \overline{G}}{\partial n_{\mathrm{w}}}\right)_{T,p,n_j}\mathrm{d}n_{\mathrm{w}}+\sum_{i=1}^{k}\left(\frac{\partial \overline{G}}{\partial n_i}\right)_{T,p,n_j}\mathrm{d}n_i \tag{3-18}$$

式(3-18)为复相介质中水自由能最基本的热力学方程。由于无法对该方程进行绝对值求解，但可以积分求出其相对变量 $\Delta\overline{G}$。例如以 $p_0=1$ atm(1 atm=101 325 Pa)和 $T_0=298$ K 在不含任何溶质下($n_i^0=0$)，且固相处于水饱和时的含水量为 n_{w}^0 时，式(3-18)可表示为

$$\Delta \overline{G} = -\int_{T_0}^{T} \overline{S} \mathrm{d}T + \int_{P_0}^{P} \overline{V} \mathrm{d}p + \int_{n_w^0}^{n_w} \left(\frac{\partial G}{\partial n_w}\right)_{T,p,n_i} \mathrm{d}n_w + \sum_{i=1}^{k} \int_{n_i^0}^{n_i} \left(\frac{\partial G}{\partial n_i}\right)_{T,p,n_i} \mathrm{d}n_i \tag{3-19}$$

3.5　水势方程

根据水势的定义，水势 μ_w 可表示为

$$\mu_w = \left(\frac{\partial G}{\partial n_w}\right)_{T,p,n_i} = \overline{G}_w, \quad \mathrm{d}\mu_w = \mathrm{d}\overline{G}_w \tag{3-20}$$

将式(3-20)代入式(3-18)，有

$$\mathrm{d}\mu_w = -\overline{S}_w \mathrm{d}T + \overline{V}_w \mathrm{d}p + \left(\frac{\partial G_w}{\partial n_w}\right)_{T,p,n_i} \mathrm{d}n_w + \sum_{i=1}^{k} \left(\frac{\partial G_w}{\partial n_i}\right)_{T,p,n_i} \mathrm{d}n_i \tag{3-21}$$

定义复相介质水势

$$\mu_w = f(T, p, n_w, n_i)$$

假设复相介质水不含溶质，则在等温等压时，其化学势变量

$$\mathrm{d}\mu_w = \left(\frac{\partial \overline{G}_w}{\partial n_w}\right)_{T,p} \mathrm{d}n_w = \left(\frac{\partial \mu_w}{\partial n_w}\right)_{T,p} \mathrm{d}n_w \tag{3-22}$$

这表明即使不含溶质的复相介质水，其水势也非定值，仍然随着复相介质含水量的变化而变化。

3.6　低含水率复相介质水流体热力学方程

低含水率的界定是由2.4节的含水率曲线来确定的。在低含水率条件下，高吸水树脂吸水量有限，网络结构尚未形成，此时树脂中的水以束缚水(非自由水)为主，而此时蒙脱土颗粒表面具有结合水、吸附水和自由水，因此可仅考虑复相介质含水量对水分自由能的影响。然而复相介质的基质势与含水率的关系目前尚不能进行理论上的具体计算，但是，可以根据水分特征曲线拟合实际上的经验方程。

复相介质组分除含水率外均保持不变，且不考虑外力场作用时，对于等温等压复相介质—水体系，水动力学可利用水吸力表征水分状态，此时复相介质水分相对偏摩尔自由能 $\Delta\overline{G}_{s,w}$ 可表示[103]为

$$\Delta\overline{G}_{s,w} = \overline{G}_{Pa}^{s,w} - \overline{G}_{Pa}^{0,w} = (\overline{G}_{s,w} - \overline{G}_{0,w})_{Pa} = -\overline{V}_0 s \tag{3-23}$$

式中，$\overline{G}_{Pa}^{s,w}$、$\overline{G}_{Pa}^{0,w}$ 分别为处于1 atm下的复相介质中水和张力计中水的偏摩尔自由能；s 为张力计表的读数，也可称为复相介质的水吸力，为正值，$s=-\psi$(复相介质水势)且有 $s=-\dfrac{\Delta\overline{G}_{s,w}}{\overline{V}_0}$；$\overline{V}_0$ 为纯水的偏摩尔体积(摩尔体积)，$\overline{V}_0 = \dfrac{\partial \overline{G}^{0,w}}{\partial p}$。

由式(2-3)可知 $s=a\theta^b$，表明了水吸力 s 是复相介质孔隙结构和含水率 θ 的关系，且呈指数关系。因此复相介质水分相对偏摩尔自由能 $\Delta\overline{G}_{s,w}$ 可直接以复相介质含水量的函数关系式表示为

$$\Delta\overline{G}_{s,w}=-\overline{V}_0 a\theta^b \tag{3-24}$$

式中，a、b 为待测参数，利用测定复相介质水分特征曲线的方法依据式(3-24)可直接利用含水量计算复相介质 $\Delta\overline{G}_{s,w}$。

3.7 高含水率复相介质水流体热力学方程

高含水率的界定是由 2.4 节的含水率曲线来确定的。高吸水树脂分子中含有极性基团，当与水接触时，极性基团与水分子形成氢键结合，结合之后，高吸水性树脂极性基团电离，这种带电荷的基团之间相互排斥，引起高吸水性树脂三维交联网络结构扩张，并在树脂内部溶液与外部水溶液之间形成渗透压差，自由水分子在这种渗透压差和交联网络结构毛细管的作用下向树脂内部渗透。此时，导水颗粒由于树脂内自由水的存在，且受到树脂的静电排斥，而处于游离分散状态。因此，高含水率条件下，可忽略蒙脱土化学势的影响，复相介质水流体可以近似看作是高吸水性树脂网络内部水的渗透。

复相介质与水接触时，二者间化学势之差 $\Delta\mu_1^m$ 可表示为

$$\Delta\mu_1^m=\mu_1-\mu_1^0$$

式中，μ_1 为复相介质中水的化学势；μ_1^0 为纯水的化学势。当 $\Delta\mu_1^m<0$ 时，水自发向复相介质移动。

由似晶格理论可推导出交联高吸水树脂中的水化学势[104-105]为

$$\Delta\mu_1^m=RT(\ln\varphi_1+\varphi_2+\chi_1\varphi_2^2)$$

式中，φ_1、φ_2 分别表示水和树脂的体积分数；χ_1 为水和树脂的相互作用参数，反映高吸水树脂与水混合时相互作用能的变化；R 为理想气体参数；T 为热力学温度。

Flory[106]最先阐述了离子型高吸水树脂的吸水机理，Tanaka 等[107]人做了进一步理论探讨。他们认为，在离子型高吸水树脂上存在三种基本作用：树脂与水的混合作用、树脂网络的弹性作用、树脂上的离子的渗透压作用。因此离子型树脂在水中的自由能变化为

$$\Delta G=\Delta G_m+\Delta G_{el}+\Delta G_i<0 \tag{3-25}$$

式中，ΔG_m 为树脂和水的混合自由能(未交联状态下)；ΔG_{el} 为分子交联网的弹性自由能；ΔG_i 为树脂上解离子渗透压自由能。

根据高分子溶剂理论，有

$$\Delta G_m=RT[n_1\ln(1-\varphi_2)+n_2\ln\varphi_2+\chi_1 n_1\varphi_2] \tag{3-26}$$

式中，n_1 为水的分子数；n_2 为树脂的分子数。

设高吸水树脂是各向同性的，从高弹性统计理论[108]可推导出

$$\Delta G_{\mathrm{el}}=\frac{3\rho_2 RT}{2\overline{M}_{\mathrm{c}}}\left(\varphi_2^{-2/3}-1\right) \tag{3-27}$$

式中，ρ_2 为高吸水树脂密度；$\overline{M}_{\mathrm{c}}$ 为树脂交联点间平均相对分子质量。

对于高含水率复相介质而言，可以将其看作一个大分子的交联聚合物。当达到溶胀平衡时，体系自由能的变化等于 0，复相介质内部水的化学势与复相介质溶胀体外部水的化学势相等（$\Delta\mu_1=0$），即

$$\Delta\mu_1=\Delta\mu_{1,\mathrm{m}}+\Delta\mu_{1,\mathrm{el}}=0$$

又因为

$$\Delta\mu_1=\frac{\partial\Delta G}{\partial n_1}$$

因此有

$$\Delta\mu_{1,\mathrm{m}}=\frac{\partial\Delta G_{\mathrm{m}}}{\partial n_1}=RT\left[\ln(1-\varphi_2)+\varphi_2+\chi_1\varphi_2^2\right]$$

$$\Delta\mu_{1,\mathrm{el}}=\frac{\partial\Delta G_{\mathrm{el}}}{\partial n_1}=\frac{\partial\Delta G_{\mathrm{el}}}{\partial\varphi_2}\times\frac{\partial\varphi_2}{\partial n_1} \tag{3-28}$$

当复相介质溶胀平衡时，其溶胀比（溶胀前后的质量比）达到一极值，为 $1/\varphi_2$，则有

$$\frac{1}{\varphi_2}=1+n_1V_1 \tag{3-29}$$

式中，n_1 为溶胀体内溶剂的物质的量；V_1 为溶剂的摩尔体积。

在复相介质的溶胀程度较大的情况下，可认为溶胀前后的复相介质的密度等同于水的密度 ρ_1。将式(3-27)～式(3-29)整合处理得

$$\Delta\mu_{1,\mathrm{el}}=\frac{\rho_1 RT}{\overline{M}_{\mathrm{c}}}V_1\varphi_2^{1/3} \tag{3-30}$$

故可推出复相介质水总化学势[109]的变化为

$$\Delta\mu=RT\left[\ln(1-\varphi_2)+\varphi_2+x\varphi_2^2+(1+\varphi_2)\left(\frac{V_{\mathrm{e}}}{V_0}\right)\left(\varphi_2^{1/3}-\frac{\varphi_2}{2}\right)-\frac{i\varphi_2}{N}\right] \tag{3-31}$$

式中，i 为电荷量；V_{e} 为网络结构的有效链节数；V_0 为溶胀后介质的体积；V_{e}/V_0 为溶胀后介质单位体积中的交联密度，也可表示为 $\rho_2/\overline{M}_{\mathrm{c}}$。

第4章 复相介质的水流体动力学方程

通过对复相介质水流体热力学的研究可判断出流体的流动自发性和可能推进的程度。本章将对复相介质水流体动力学方程进行推导和建立。根据第2章测定的含水率曲线中表现出的复相介质溶胀峰随时间推进规律，并考虑到动力学要反映介质传水过程和导水速度，为了更加客观地反映复相介质水流体动力学规律，将复相介质水流体动力学分为高含水率条件和低含水率条件两种情况分别加以考虑，进一步分析两者之间的关联性。此外，还对动力学方程进行求解，通过实测数据对比验证理论方程的正确性。

4.1 低含水率条件下复相介质水流体动力学

4.1.1 低含水率条件下复相介质水流体动力学方程的建立

低含水率条件是指树脂尚未形成树脂网络时的复相介质的情况。此时复相介质的传水机理主要由蒙脱土颗粒导水，属于毛管力和表面扩散传水。该传水机制符合达西定律[110-111]，即水流通量或渗透流速和水力梯度成正比，得

$$q = K_s \frac{\Delta H}{L}$$

式中，q 为单位时间通过单位面积介质的水量；L 为水流路径的长度；ΔH 为沿水流路径方向总水势差；K_s 为饱和导水率或渗透系数。

达西定律用于非恒定流动中的微分形式为

$$q = -K_s \frac{\mathrm{d}H}{\mathrm{d}L}$$

对于三维空间的流动，微分形式表达式为

$$q = -K_s \boldsymbol{\nabla} H$$

式中，$\boldsymbol{\nabla}$为向量微分算子，表示为

$$\boldsymbol{\nabla} = \boldsymbol{i}\frac{\partial}{\partial x} + \boldsymbol{j}\frac{\partial}{\partial y} + \boldsymbol{k}\frac{\partial}{\partial z}$$

其中，$\boldsymbol{i}$、$\boldsymbol{j}$、$\boldsymbol{k}$ 分别为 x、y、z 三个坐标轴方向的单位向量。

将达西定律引入非饱和水分运动，则有

$$q = -K(\psi_m)\boldsymbol{\nabla}\psi, \quad 或\ q = -K(\theta)\boldsymbol{\nabla}\psi \tag{4-1}$$

式中，ψ 为复相介质的总水势；ψ_{m} 为复相介质的基质势。非饱和导水率 $K(\psi_{\mathrm{m}})$既是基质势 ψ_{m} 的函数，也是含水率 θ 的函数。含水率 θ 是以复相介质中所含水分的多少来定义的，常用质量含水率表示：$\theta=\Delta m_{\mathrm{w}}/\Delta m_{\mathrm{s}}$，其中 Δm_{s} 和 Δm_{w} 分别表示固相物质的质量和其中所含水分的质量。

如图 4-1 的直角坐标系所示，在复相介质水流方向的空间内任意取一点(x,y,z)，以此点为中心取一个无限小的微单元体，单元体边长分别设为 Δx、Δy、Δz，且各边长与坐标轴相平行。

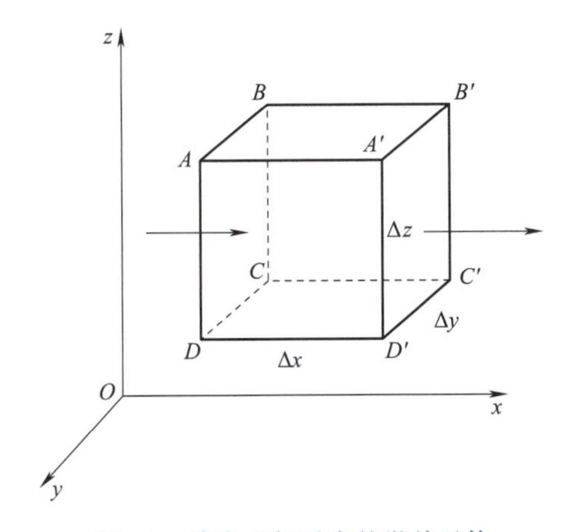

图 4-1　直角坐标系中的微单元体

在 Δt 时间内流入和流出该微单元体的水量差值为

$$-\left[\frac{\partial(\rho_{\mathrm{w}}q_x)}{\partial x}+\frac{\partial(\rho_{\mathrm{w}}q_y)}{\partial y}+\frac{\partial(\rho_{\mathrm{w}}q_z)}{\partial z}\right]\Delta x\Delta y\Delta z\Delta t$$

而 Δt 内该单元体内的水分质量变化为$\dfrac{\partial(\rho_{\mathrm{w}}\theta)}{\partial t}\Delta x\Delta y\Delta z\Delta t$。

根据质量守恒原理，二者在数值上相等，即

$$-\left[\frac{\partial(\rho_{\mathrm{w}}q_x)}{\partial x}+\frac{\partial(\rho_{\mathrm{w}}q_y)}{\partial t}+\frac{\partial(\rho_{\mathrm{w}}q_z)}{\partial z}\right]=\frac{\partial(\rho_{\mathrm{w}}\theta)}{\partial t}$$

整理并将式(4-1)代入可得

$$\frac{\partial\theta}{\partial t}=\boldsymbol{\nabla}[K(\theta)\boldsymbol{\nabla}\psi]$$

即

$$\frac{\partial\theta}{\partial t}=\frac{\partial}{\partial x}\left[K_x(\theta)\frac{\partial\psi_{\mathrm{m}}}{\partial x}\right]+\frac{\partial}{\partial y}\left[K_y(\theta)\frac{\partial\psi_{\mathrm{m}}}{\partial y}\right]+\frac{\partial}{\partial z}\left[K_z(\theta)\frac{\partial\psi_{\mathrm{m}}}{\partial z}\right]\pm\frac{\partial K(\theta)}{\partial z}\tag{4-2}$$

式(4-2)为低含水率(非饱和)条件下复相介质水流体运动的基本微分方程。要求解此方程，需要引入水分扩散率 $D(\theta)$和比水容量 $C(\theta)$，其中 $C(\theta)$表示由单位基质势变化而引起的体系含水量变化。$D(\theta)$、$C(\theta)$和 $K(\theta)$三者之间的关系[112]为

$$D(\theta)=\frac{K(\theta)}{C(\theta)},\quad C(\theta)=\frac{\mathrm{d}\theta}{\mathrm{d}\psi_{\mathrm{m}}} \tag{4-3}$$

将式(4-3)代入式(4-2),得

$$\frac{\partial\theta}{\partial t}=\frac{\partial}{\partial x}\left[D(\theta)\frac{\partial\theta}{\partial x}\right]+\frac{\partial}{\partial y}\left[D(\theta)\frac{\partial\theta}{\partial y}\right]+\frac{\partial}{\partial z}\left[D(\theta)\frac{\partial\theta}{\partial z}\right]\pm\frac{\partial K(\theta)}{\partial z}$$

根据复相介质中水分运动的特点并结合实际,复相介质沿着纤维支撑体进行水分传导,其水分运动模型可简化为水流在一维水平方向上的运动,因此水分运动方程简化为

$$\frac{\partial\theta}{\partial t}=\frac{\partial}{\partial x}\left[D(\theta)\frac{\partial\theta}{\partial x}\right] \tag{4-4}$$

式(4-4)即为复相介质水流体在低含水率条件下的水流体动力学方程。

4.1.2 低含水率条件下复相介质水流体动力学方程的求解

式(4-4)的方程属于非线性偏微分方程。由于其边界条件复杂多变,用常规的解析法求解难度较大,因此选用数值法进行求解。结合复相介质实际使用方法,其一端与纯水接触,另一端与干沙土接触。采用有限差分对其求解,则一维水平入渗方程及其边界条件如下:

$$\begin{cases}\dfrac{\partial\theta}{\partial t}=\dfrac{\partial}{\partial x}\left[D(\theta)\dfrac{\partial\theta}{\partial x}\right]\\ \theta=\theta_0,\quad t=0,\quad 0<x<\infty\\ \theta=\theta_1,\quad t>0,\quad x=0\\ \theta=\theta_0,\quad t>0,\quad x=\infty\end{cases}$$

有限差分法是将 x、t 分割为如图 4-2 所示的正交坐标系,沿 x 方向将 L 分为等间距的 n 个单元,步长为 Δx,结点编号为 $i(i=0,1,2,\cdots,n)$,将时间坐标分为步长为 Δt 的时段,时间结点编号为 $k(k=0,1,2,\cdots)$。

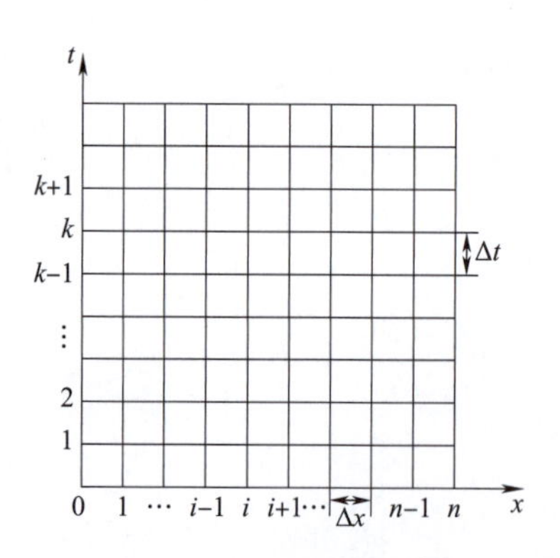

图 4-2 差分网格示意

采用隐式差分格式在时段末的结点处列方程。基本方程中 $\frac{\partial\theta}{\partial t}$ 取后向差商,而 $\frac{\partial}{\partial x}\left(D\frac{\partial\theta}{\partial x}\right)$ 取

时段末的差商，则任一内结点$(i,k+1)$处原方程的差分方程为

$$\frac{\theta_i^{k+1}-\theta_i^k}{\Delta t}=\frac{D_{i+1/2}^{k+1}\left(\theta_{i+1}^{k+1}-\theta_i^{k+1}\right)-D_{i-1/2}^{k+1}\left(\theta_i^{k+1}-\theta_{i-1}^{k+1}\right)}{\Delta x^2} \tag{4-5}$$

令 $r=\dfrac{\Delta t}{\Delta x^2}$，代入式(4-5)得

$$-rD_{i-1/2}^{k+1}\theta_{i-1}^{k+1}+\left[1+r\left(D_{i-1/2}^{k+1}+D_{i+1/2}^{k+1}\right)\right]\theta_i^{k+1}-rD_{i+1/2}^{k+1}\theta_{i+1}^{k+1}=\theta_i^k \tag{4-6}$$

若令

$$a_i=-rD_{i-1/2}^{k+1}$$

$$b_i=1+r\left(D_{i-1/2}^{k+1}+D_{i+1/2}^{k+1}\right)$$

$$c_i=-rD_{i+1/2}^{k+1}$$

$$h_i=\theta_i^k$$

则差分方程式(4-6)表示为

$$a_i\theta_{i-1}^{k+1}+b_i\theta_i^{k+1}+c_i\theta_{i+1}^{k+1}=h_i,\quad i=1,2,\cdots,n-1 \tag{4-7}$$

由此得到代数方程组

$$\begin{pmatrix} b_1 & c_1 & & & \\ a_2 & b_2 & c_2 & & \\ \ddots & & \ddots & \ddots & \\ & a_{n-2} & b_{n-2} & c_{n-2} \\ & & a_{n-1} & b_{n-1} \end{pmatrix}\begin{pmatrix}\theta_1^{k+1}\\ \theta_2^{k+1}\\ \vdots\\ \theta_{n-2}^{k+1}\\ \theta_{n-1}^{k+1}\end{pmatrix}=\begin{pmatrix}h_1\\ h_2\\ \vdots\\ h_{n-2}\\ h_{n-1}\end{pmatrix}$$

式(4-7)中，$h_1=\theta_1^k+rD_{1/2}^{k+1}\theta_1$，　$h_{n-1}=\theta_{n-1}^k+rD_{n-1/2}^{k+1}\theta_0$，进而可计算得到不同时刻 t、不同 x 处的 θ 值。

对于研究试样，经前期试验可知 $\theta_0=0.136\ 7$，$\theta_1=0.398\ 1$，取 $\Delta x=1$ cm，$\Delta t=5$ min，$n=10$，代入式(4-7)计算。

当 $k=2$ 即导水时间 10 min 时，复相介质对应的 θ-x 曲线如图 4-3 所示，图中曲线为理论值，实测值由图 2-7 中含水率实测曲线得到。

当 $k=12$ 即导水时间 60 min 时，复相介质对应的 θ-x 曲线如图 4-4 所示，其中曲线为理论值，实测值由图 2-7 中含水率实测曲线得到。

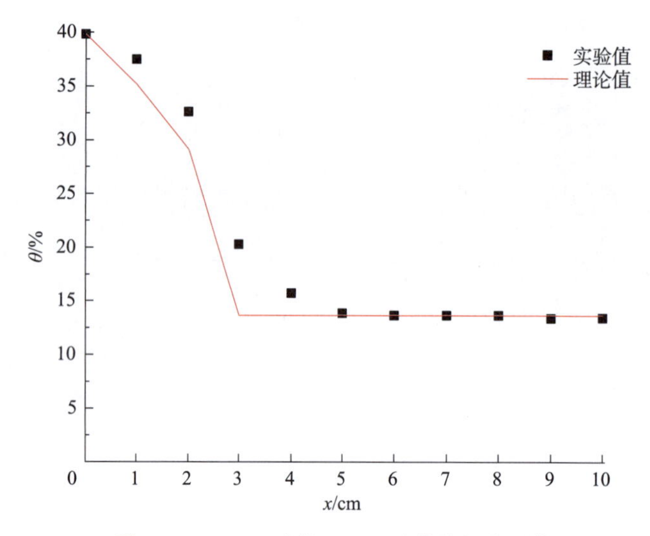

图 4-3　10 min 时的 θ-x 理论曲线与实测值

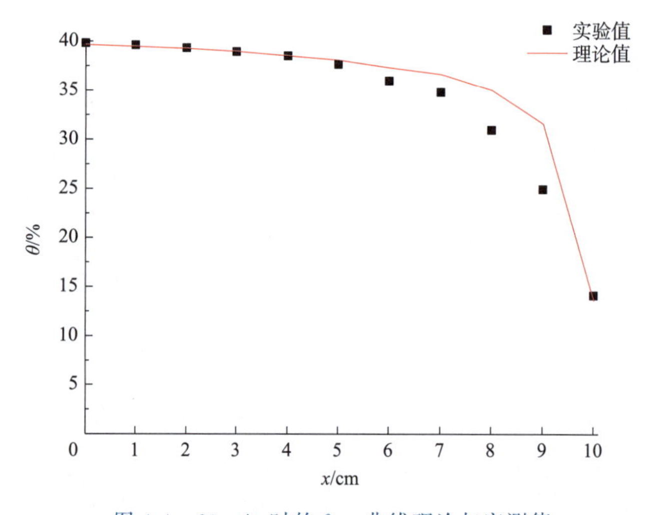

图 4-4　60 min 时的 θ-x 曲线理论与实测值

图 4-3 和图 4-4 分别是复相介质试样渗水 10 min 和 60 min 的含水率理论曲线与实测数据点的对比。从图中可以看出，实测数据曲线与理论曲线的基本规律和大致数据相接近，可以说明理论推导方法和计算与实测曲线基本相符。

4.2　高含水率条件下复相介质水流体动力学

4.2.1　高含水率条件下复相介质水流体动力学方程的建立

高含水率条件下复相介质—水体系具有吸水的线性聚丙烯酰胺构成网络结构的特征，在这一结构中，聚丙烯酰胺表面与水发生氢键结合构成结合水层。结合水层往外是由氢键影响的束缚水层，结合水层和束缚水层构成了网络较为稳定的结构，剩下的自由水通道尺寸在进一步溶胀前仅有几微米。

水分向树脂网络空间的扩散得益于网络内外渗透压的作用。高吸水树脂吸水后，其亲水基团开始离解，阴离子数不断增加，离子间静电斥力使网络张展；同时为了维持电中性，可移动阳离子不能向外部扩散而浓度增大，造成网络内外产生渗透压，水分子在渗透压作用下向网内渗透[113]。高吸水树脂用于复相介质传水时上述吸水模型已不适用，但恰恰是网络束水作用存在和自由水通道受离子化阻碍，可将复相介质的传水过程看作是水分子的扩散过程，因此可用菲克扩散定律推导高含水率条件下复相介质水流体动力学方程。

如图 4-5 所示，沿着复相介质水分传导方向 x，对于任一垂直于传导方向的平面构成的 Δx 薄层微单元，根据质量守恒定律，单位时间内单元体内的水分积累量为单位时间内扩散入 x 处平面的水量与扩散出 $x+\Delta x$ 处平面的水量之差。

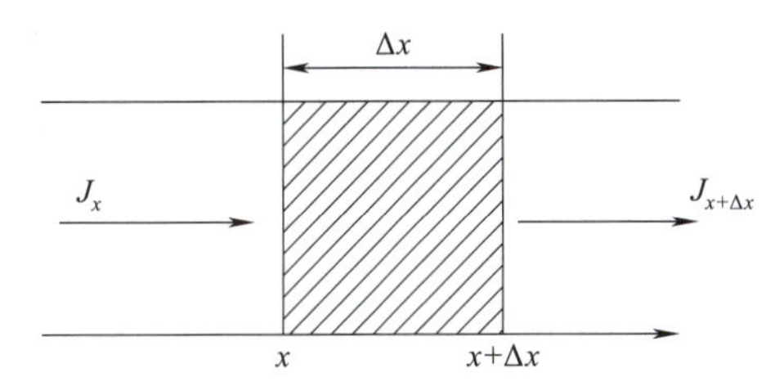

图 4-5　水分扩散模型示意

用数学式表达为

$$\frac{\partial}{\partial t}\left(A\Delta xM\right)=A(J_{x}-J_{x+\Delta x}) \tag{4-8}$$

式中，M 为某一位置复相介质质量含水率；J 为水分的质量扩散通量；J_{x}、$J_{x+\Delta x}$ 为单位时间内扩散入、扩散出两平面间的水分扩散通量；A 为复相介质的横截面积。

将式(4-8)两边同除以 $A\Delta x$，得

$$\frac{\partial M}{\partial t}=-\frac{J_{x}-J_{x+\Delta x}}{\Delta x} \tag{4-9}$$

式中，$\partial M/\partial t$ 为水分在复相介质扩散过程中的质量含水率变化。

变换式(4-9),有

$$\frac{\partial M}{\partial t}=-\frac{J_{x+\Delta x}-J_x}{(x+\Delta x)-x}$$

当 $\Delta x \to 0$ 时,得

$$\frac{\partial M}{\partial t}=-\frac{\mathrm{d}J}{\mathrm{d}x} \tag{4-10}$$

根据菲克第一定律,在等温等压条件下,质量分数(质量含水率)梯度所引起的质量扩散通量 J 可表示为

$$J=-D'\frac{\mathrm{d}M}{\mathrm{d}x} \tag{4-11}$$

式中,D'为复相介质中水分子的扩散系数。

设扩散系数 D'不随质量含水率变化,将式(4-11)代入式(4-10),得

$$\frac{\partial M}{\partial t}=D'\frac{\partial^2 M}{\partial x^2} \tag{4-12}$$

式(4-12)即为高水势条件下复相介质中水流体沿着 x 方向扩散传导的动力学方程。

高含水率下的水流体运动方程(式 4-12)与低含水率下的水流体运动方程(式 4-4)对比可知,高含水率中扩散系数 D'是浓度 M、时间 t 的函数,即 $D'=f(M,t)$;低含水率中扩散系数 D 是含水率 θ、时间 t 和距离 x 的函数,即 $D=f(\theta,t,x)$。对于水的扩散问题,如果把浓度 M 看作含水率,则 $M=\theta$。在低含水率时,复相介质沿纤维水势梯度变化很大,所以 D 受 x 影响极大;在高含水率时,复相介质吸水溶胀,含水率沿 x 趋于一致,所以 D'受 x 影响极小。以上分析表明,高含水率和低含水率分别情况下建立的水流体动力学方程与实测分析相一致,并且两个方程具有统一性,即符合实际沿 x 方向的不同含水率的状态(图 2-7)。因此,复相介质水流体方程可以统一归结为

$$\begin{cases}\dfrac{\partial \theta}{\partial t}=\dfrac{\partial}{\partial x}\left[D(\theta)\dfrac{\partial \theta}{\partial x}\right] & \text{无树脂网络结构}\\[2ex] \dfrac{\partial M}{\partial t}=D'\dfrac{\partial^2 M}{\partial x^2} & \text{有树脂网络结构}\end{cases} \tag{4-13}$$

式(4-12)中 D'的计算,可通过 4.2.2 节对高含水率动力学方程求解来计算。

4.2.2 高含水率条件下复相介质水流体动力学方程的求解

复相介质水分传导的质量含水率变化如图 4-6 所示。假设导水介质质量含水率沿着 x 方向进行传导,在 Δt 时间内水分沿着纤维支撑体传导 Δx 距离时通过的某一界面。设 M_0 为复相介质与水接触一端的起始饱和质量含水率,M_e 为与设定的土壤合理湿度一致时的复相介质平衡质量含水率。

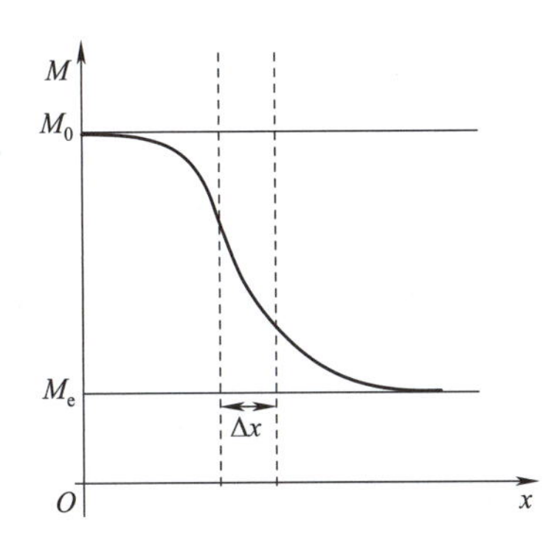

图 4-6　复相介质水分传导质量含水率变化示意

高水势下复相介质水分传导方程及其对应的初始边界条件如下：

$$\begin{cases}\dfrac{\partial M}{\partial t}=D'\dfrac{\partial^2 M}{\partial x^2}\\ M=M_0,\quad t=0,\quad 0<x<\infty\\ M=M_e,\quad t>0,\quad x=0\\ M=M_e,\quad t>0,\quad x=\infty\end{cases}$$

采用分离变量法对上式进行求解，定义新变量[114]

$$Q=\frac{x}{\sqrt{4\pi D'}}\tag{4-14}$$

则偏微分方程可表示为

$$\frac{\mathrm{d}M}{\mathrm{d}Q}\left(\frac{\partial Q}{\partial t}\right)=D'\frac{\mathrm{d}^2 M}{\mathrm{d}Q^2}\left(\frac{\partial Q}{\partial x}\right)^2\tag{4-15}$$

结合式(4-14)，式(4-15)也可写成

$$\frac{\mathrm{d}^2 M}{\mathrm{d}Q^2}+2Q\frac{\mathrm{d}M}{\mathrm{d}Q}=0\tag{4-16}$$

这就将偏微分方程变成了一个常微分方程，此方程的边界条件通过上述边界条件变换为

$$\begin{cases}Q=0,\quad M=M_e\\ Q=\infty,\quad M=M_0\end{cases}$$

令$\dfrac{\mathrm{d}M}{\mathrm{d}Q}=W$，代入式(4-16)可得

$$\frac{\mathrm{d}W}{\mathrm{d}Q}+2QW=0\tag{4-17}$$

将式(4-17)分离变量并积分得到 $W=C_1\mathrm{e}^{-Q^2}$，则有

$$\frac{\mathrm{d}M}{\mathrm{d}Q}=C_1\mathrm{e}^{-Q^2}\tag{4-18}$$

再次积分得

$$M=C_1\int_0^Q \mathrm{e}^{-Q^2}\,\mathrm{d}Q+C_2 \tag{4-19}$$

将边界条件代入式(4-19),得

$$C_1=-\frac{2}{\sqrt{\pi}},\quad C_2=2$$

将 C_1、C_2 代入式(4-19),得

$$M=-\frac{2}{\sqrt{\pi}}\int_0^Q \mathrm{e}^{-Q^2}\,\mathrm{d}Q+1 \tag{4-20}$$

再将式(4-14)代入式(4-20),并令 $\mathrm{erf}(Q)=\mathrm{erf}\left(\frac{x}{\sqrt{4D't}}\right)=\frac{2}{\sqrt{\pi}}\int_0^Q \mathrm{e}^{-Q^2}\,\mathrm{d}Q$,整理得到扩散初期复相介质内部含水率分布方程为

$$\frac{M-M_0}{M_e-M_0}=\mathrm{erf}\left(\frac{x}{\sqrt{4D't}}\right) \tag{4-21}$$

式中,M_0 为复相介质与水接触一端的起始饱和含水率;M_e 为与设定的土壤合理湿度一致时的复相介质平衡含水率;扩散系数[115]

$$D'=\pi\left(\frac{b}{4M_e}\right)\left(\frac{M_{t2}-M_{t1}}{\sqrt{t_2}-\sqrt{t_1}}\right) \tag{4-22}$$

其中,b 为复相介质材料的厚度;M_{t1}、M_{t2} 分别为 t_1 时刻和 t_2 时刻复相介质的含水率。

式(4-21)中的 $\mathrm{erf}\left(\frac{x}{\sqrt{4D't}}\right)$ 称为高斯误差积分或者误差函数,$\mathrm{erf}\left(\frac{x}{\sqrt{4D't}}\right)$ 与 $\frac{x}{\sqrt{4D't}}$ 对应的值可通过查阅相关的误差函数表获取。将 D' 的值代入式(4-21)即可求得复相介质水流体沿一维传水方向上的含水率分布。

低含水率条件下,复相介质—水体系处于水分不饱和状态,“束水”相树脂网络结构还没形成,水流体运动主要通过“导水”相蒙脱土颗粒之间的相互连接性以及毛管力作用进行,其水分扩散率 D 不是一个固定值,而是与非饱和导水率 K 以复相及介质的水分含量 θ 关系极大,水分扩散率与含水率呈现指数型函数关系($D=a\theta^b$)。

高含水率条件下,复相介质中“束水”相树脂处于网络结构状态,介质中各处含水率相差不大,此时水流体运动不再通过“导水”相颗粒进行较快传导,而是主要通过“束水”相微孔结构中水分子扩散进行,从而扩散过程变得平稳和缓慢。高水势下复相介质的水分扩散率是一个较稳定值,不像低水势下颗粒导水的扩散率随复相介质含水率变化出现明显的水势梯度差。只要树脂达到溶胀平衡(过程很短),初始含水率和平衡含水率确定,扩散率 D' 就已经确定,变成了常数。因此,高含水率下复相介质的扩散率由于树脂结合水、束缚水而使自由水更趋于分子扩散,从而成为一个稳定值。

总体研究表明:低含水率态和高含水率态的复相介质水流体动力学方程具有理论结构

统一性。低含水率态主要特征为“导水”相蒙脱土“桥接”颗粒的多孔渗流问题，采用达西定律建立了复相介质水流体动力学方程，采用有限差分法对该方程进行了求解，求解的数据与实测的数据基本相符。高含水率态主要特征为“束水”相聚丙烯酰胺网络结构的水分扩散问题，采用菲克第一定律推导了复相介质水流体动力学方程，将水分浓度的概念与含水率的概念相统一，得出了扩散系数不以导水距离变化的动力学方程与低含水率态导水率以导水距离变化的动力学方程具有结构上的统一性，将两个方程进行了统一归结，并用分离变量法对高含水率态动力学方程进行了求解。

第5章 低含水率条件下复相介质结构动力学

复相介质水流体动力学需要用微观结构动力学加以剖析。本章将深入讨论低含水率条件(无网络结构复相介质—水体系)下的结构动力学。热力学分析表明复相介质—水体系的水势与含水率存在着相关性,为了细化研究内容,本章将低含水率(无网络结构复相介质—水体系)进一步划分为低、中、中高、高含水率四种情况。区别于第6章的高含水率情况,本章将对这四种情况分别表述为无网络结构条件下低、中、中高、高水势复相介质—水体系。

复相介质"束水"相树脂与"导水"相蒙脱土颗粒之间水的传递和相互作用,可采用FEI Quanta 2000型环境扫描电子显微镜(environmental scanning electron microscope,ESEM)在含水率曲线(图2-8)低含水率位置取样,并在纤维支撑体同质低温等离子处理表面进行超声(复相介质真实的平衡态)制样进行观察。ESEM属无需喷金直接冷台观察,在低真空(15～130 Pa)模式下,环扫探头采集可在控制含水率变化的条件下,观察到物相真实的动态变化过程。

5.1 无网络结构条件下低水势复相介质—水体系的结构特征

图5-1是复相介质试样干样不同放大倍数的表面形貌显微照片。从干样的显微图中可以看出,蒙脱土颗粒完全分散,高吸水性树脂附着于蒙脱土颗粒表面。

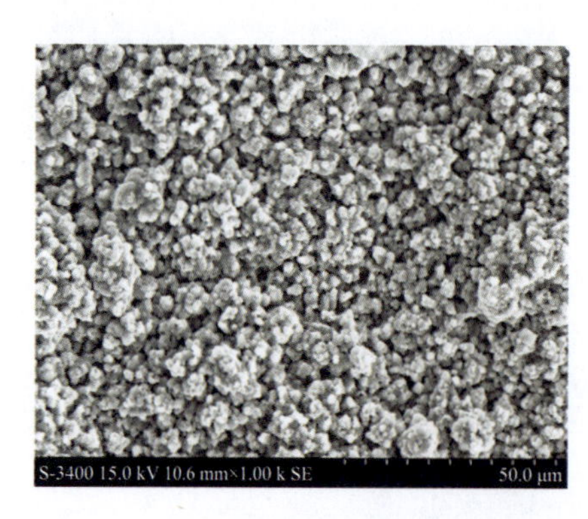

(a)放大1 000倍

(b)放大3 000倍

图5-1 复相介质试样干样表面形貌显微照片

低水势条件下蒙脱土在复相介质水分传导中发挥着主导作用。蒙脱土的结构化学式可

写成 $Na_{0.7}(Al_{33}Mg_{0.7})Si_8O_{20}(OH)_4 \cdot nH_2O$，属单斜晶系，单晶中的主要成分详见表 5-1。蒙脱石是一种典型的 2∶1 型层状硅酸盐矿物，其基本结构单位是由两层 Si—O 四面体和夹在中间的一层 Al—O 八面体组成。每个四面体顶端的氧原子都指向结构层的中间，且与八面体共有，结构示意如图 5-2 所示。层与层之间是通过一面的氧原子层和另一面的氧原子的较弱的分子间引力连接，每层的片层厚度约为 1 nm。

表 5-1　蒙脱土主要成分表　　单位：%

成分	SiO_2	Al_2O_3	H_2O	Fe_2O_3	Na_2O	MgO	CaO	FeO	其他
含量	64.32	20.74	5.14	3.03	2.6	2.3	0.5	0.39	1.1

蒙脱土最基本、最重要的构造特性是晶格内存在阳离子异价类质同象置换。硅氧四面体中的 Si^{4+} 被 Al^{3+} 所取代，铝氧八面体中的 Al^{3+} 被 Mg^{2+}、Fe^{2+}、Ca^{2+} 所取代，这些取代使蒙脱土产生了永久负电荷，蒙脱土晶胞像一个带电的“大阴离子”，具有吸附阳离子的能力[116]。由于这类负电荷大部分分布在层状硅酸盐的板面上，铝氧八面体层内晶格置换所产生的负电荷与黏土矿物板面上吸附的阳离子之间的距离较远，因而对它们的束缚力较弱，使这些阳离子可以被交换，从而使蒙脱石具有阳离子交换性质。

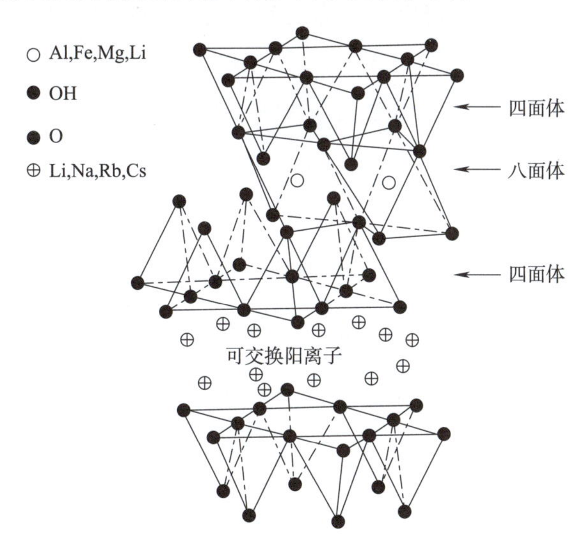

图 5-2　蒙脱土晶体结构示意

图 5-3 是复相介质—水体系在导水纤维上靠近土壤位置的微观结构照片，属于无网络结构条件下低水势的复相介质—水体系。试样是在图 2-7 或图 8-12 含水率曲线趋于水平稳定区域内取样（详见 8.3 节），然后放置在经低温等离子体加工（加工参数与 7.1 节相同）的聚丙烯薄膜表面，经超声振动制备而成。从图中可以看出，聚丙烯酰胺呈束型树枝状，线性树脂表现为非完全溶胀状态，蒙脱土颗粒沿束型树脂方向呈条块状局域聚集，且条块状之间交错相连，可以明显看到蒙脱土颗粒之间均发生了“桥接”现象，形成了蒙脱土颗粒连接的“导水”相。

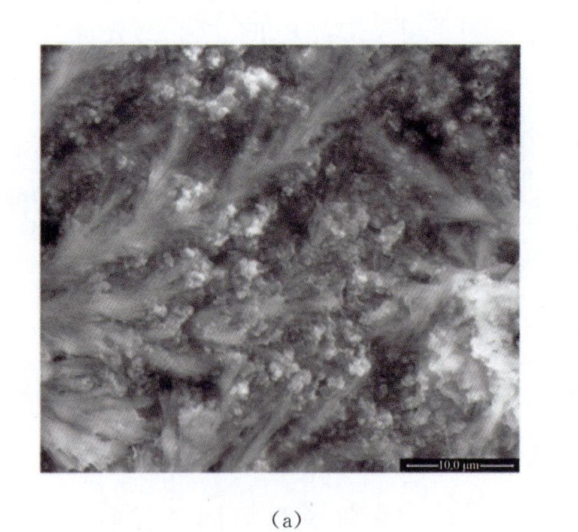

(a)

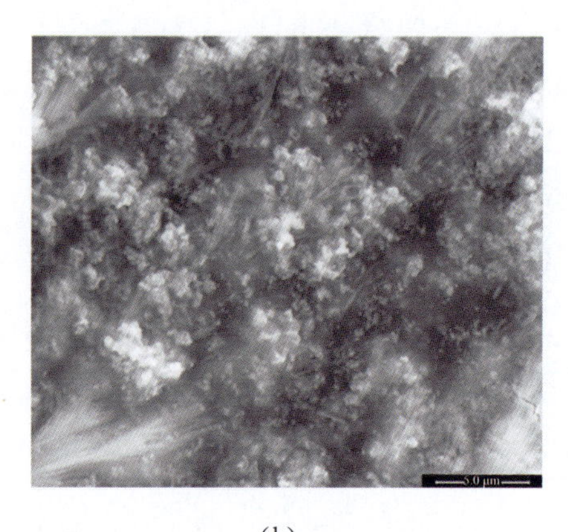

(b)

图 5-3 无网络结构低水势复相介质—水体系的结构特征

蒙脱土颗粒之间相互作用力主要表现为范德华力、水合力和静电力。

范德华力普遍存在于一切分子或原子之间，本质是静电引力，其结合能为几个或者几十个 kJ/mol。范德华力又分为分子间范德华力（短程力）和颗粒间范德华力（长程力）两类。

分子间的范德华力是点电荷静电排斥力所致，发生在分子间距小于 1 nm 处。此时，分子表面质点电子云相互排斥。当两分子接触并在化学势的作用下，质点通过共价键、配位键、离子键甚至氢键结合，产生很强的短程吸引力。极性分子的范德华作用由三部分组成，即诱导作用、定向作用和色散作用。除了尺寸很小的强极性分子（如水）之外，大多数分子间力均以色散力为主。两个分子间的范德华相互作用可用式(5-1)表示[117]：

$$\begin{aligned}U_{\alpha}(r)&=U_{取}(r)+U_{诱}(r)+U_{色}(r)\\&=-\left[\frac{2\mu_1^2\mu_2^2}{3kT}\frac{1}{(4\pi\varepsilon_0)^2}+\frac{\alpha_2\mu_1^2}{(4\pi\varepsilon_0)^2}+\frac{2I_1I_2\alpha_1\alpha_2}{I_1+I_2}\frac{1}{(4\pi\varepsilon_0)^2}\right]\frac{1}{r^6}\end{aligned}\tag{5-1}$$

式中，μ_1、μ_2 分别为两个相互作用分子的偶极矩；r 为分子间的距离；k 为 Boltzmann 常数；T 为热力学温度；ε_0 为自由空间的介电常数，其值为 8.854×10^{-12}；α 为原子极化率；I 为电离能，eV。

从式(5-1)可以看出，分子间范德华作用能与分子间距的 6 次方成反比，随着分子间距的增大，范德华力衰减极快，力的有效范围仅为 1 nm，最强吸附力范围仅为 0.3～0.5 nm。即，当分子间距离大于分子直径 10 倍时，分子间作用力已经变得十分微弱，可以忽略。因此，蒙脱土颗粒只有当粒径很小（$<1\ \mu$m），并且相距很近时这种吸引力才起明显作用。

颗粒间的范德华引力是由多分子（原子）之间范德华作用的总和，其大小与颗粒间距离的 2 次方成反比，作用力的有效距离可达 100 nm。蒙脱土颗粒为片层状结构。Casimir 和 Polder 在 1948 年把成对分子间的吸引能 V_A 推广到了平行平面间吸引力相互作用上，从而获得两个平板之间的范德华吸引能表达式[118]：

$$V_A = -\frac{A}{12\pi}\left[\frac{1}{d^2}+\frac{1}{(d+2\delta)^2}-\frac{2}{(d+\delta)^2}\right] \tag{5-2}$$

式中，V_A 为单位面积磁相互作用的范德华吸引能，J/m^2；d 为两黏土薄片之间的距离，m；δ 为黏土薄片厚度；A 为颗粒在真空中的 Hamaker（哈马克）常数，为 $10^{-21}\sim10^{-18}$ J。

蒙脱土静电力是由于颗粒表面晶格取代带有负电荷，为维持电中性，蒙脱土必然吸附一些正离子，如 K^+、Na^+、Ca^{2+} 等。当蒙脱土和水接触时，这些阳离子因水化进到水中，使蒙脱土颗粒表面带负电。尽管蒙脱土属非导体类颗粒，原则上无电荷可转移或接受，但由于粒子表面水吸附层的存在也会接受电荷，其带电现象很大程度上取决于颗粒所处环境。静电力的表现形式可使颗粒与颗粒相互吸附在一起。颗粒之间的静电力目前还属于定性研究，无法进行定量计算。颗粒间的静电力远小于颗粒间的范德华引力和毛细管力。

蒙脱土水的表面张力的收缩作用使两颗粒之间形成“液桥”，将引起颗粒之间的牵引力，而成为毛细管力。当湿度低于某一临界值时，颗粒表面以吸附蒸气的形式存在，形成一层水质吸附膜（称为吸附层），两颗粒的吸附膜相接触时同样产生结合力。

图 5-3 是在无网络结构条件下低水势下复相介质—水体系中，蒙脱土颗粒之间表现为在范德华力、静电力和毛管力作用下发生“桥接”状态。“桥接”状态下蒙脱土颗粒呈片状团聚，团聚体与团聚体之间形成交错相连。

在此状态下，由于蒙脱土的传水能力比树脂更强，水流体优先选择“桥接”形成的蒙脱土通道进行运移。在蒙脱土表面和层孔内既有吸附水又有自由水，其中自由水在水势梯度差的作用下向土壤中传导。由于在低水势下“束水”相树脂选择了脱水，使发生“桥接”的“导水”相蒙脱土颗粒成为导水的主体。这一情况发生在靠近土壤复相介质含水率较低的情况下，树脂之间当前处于溶胀不彻底的物理缠结状态。

5.2　无网络结构条件下中水势复相介质—水体系的结构特征

通过第 2 章吸湿后“束水”相聚丙烯酰胺和“导水”相蒙脱土的热分析对比图（图 2-1）可知，由于亲水基团的亲水性大小顺序为酰胺基（—$CONH_2$）＞羟基（—OH）＞氧原子（—O—），聚丙烯酰胺的吸水性大于蒙脱土的吸水性，而蒙脱土的导水性大于聚丙烯酰胺的导水性。聚丙烯酰胺先是通过氢键与水形成结合水，然后在结合水外围力场的作用下形成束缚水，束缚水外围才是自由水。而蒙脱土颗粒表面也是先与水形成弱氢键，形成结合水，结合水外围形成吸附水，吸附水外围才是自由水。以上聚丙烯酰胺—水体系与蒙脱土—水体系的差异主要体现在与水的结合力上，即在初期聚丙烯酰胺与水的氢键作用大于蒙脱土与水的氢键作用。但是，聚丙烯酰胺在吸水时能够形成网络结构，网络结构内部电离导致的阳离子浓度增加使聚丙烯酰胺表现为吸水性，而蒙脱土颗粒层间也存在电离导致的吸水性，但两者在吸水空间大小上存在巨大差异，一个是巨大网络空间，另一个是有限膨胀的层域和颗粒。因此聚丙烯酰胺的“束水”特性主要表现在高含水率状态，而蒙脱土的“导水”特性主要表现在低含水率状态。但他们最初的吸水状态相差不大，即聚丙烯酰胺表面形成结合水或部分束缚水后蒙脱土也开始形成结合水和吸附水，且聚丙烯酰胺形成束缚水的速度实际上低于蒙脱土颗粒形成束缚水的过程，因为颗粒表面更容易扩散，而树脂网络渗透需要一定的时间。

由图 2-12 测得的复相介质的吸水倍率曲线可知，前 5 min 不同配比的复相介质吸水倍率几乎相同，在 5～25 min 之间表现出树脂含量高的 P1M4 试样的吸水倍率反而低于树脂含量低的 P1M8 试样的吸水倍率，表明了尽管树脂的吸水性和吸水率高于蒙脱土，但在吸水初期吸水速率却相对低于蒙脱土，即聚丙烯酰胺在复相介质吸水初期吸水过程中蒙脱土也在进行吸水。

水在蒙脱土中的存在形式分为晶格水、吸附水和自由水三类。

(1)晶格水，又称化学结合水，以 OH^- 离子形式存在于晶格中，通常在化学式中以[OH]来表示。这种化学水在加热 300 ℃以上才会失去。

(2)吸附水，又称层间束缚水，是蒙脱土表面及晶层间吸附的水，在化学式中以 nH_2O 表示。在分子间引力和静电引力的作用下，极性水分子被吸附到带电的蒙脱土表面上，形成一层水化膜。吸附水不能自由移动，只能在蒙脱土晶体表层呈定向排列，随着蒙脱土颗粒一起运动。层间吸附水一般在加热到 100～200 ℃范围内逐渐失去。

(3)自由水，这部分水存在于蒙脱土颗粒的空穴或孔道中，不受蒙脱土的束缚，可以自由地移动。自由水在加热 100 ℃以下就会全部失去。

蒙脱土的吸水性表现在水化过程，包括表面水化和渗透水化两个阶段[119]。

蒙脱土水化的第一阶段是表面水化。表面水化由蒙脱土晶体表面直接吸附水分子的表面水化和晶体片层间可交换性阳离子间接吸附水分子而导致的水化两部分组成。在这个过程中，蒙脱土表面的 H^+ 和 OH^- 通过氢键直接吸附水分子，也可通过可交换性阳离子间接吸附水分子，这均属于短距离范围内蒙古脱土与水的相互作用，可使蒙脱土晶层膨胀的范围达到 10～22 Å。在水化胀开的蒙脱土颗粒表面上，作用着三种力：层间分子的范德华力、层面带负电离子和层间阳离子之间的静电引力以及水分子与层面的水化能，其中以水化能最大。

蒙脱土水化的第二阶段是渗透水化。当蒙脱土层面间的距离达到 10～22 Å 时，表面水化不再占主导，此时蒙脱土的水化由渗透压力和双电层斥力所支配。随着水进入到黏土晶层间，原来吸附在黏土表面的阳离子水化扩散在水中，形成扩散双电层。层间的双电层斥力便逐渐起主导作用而引起蒙脱土层间距的进一步扩大，蒙脱土的晶胞层面水化膨胀的距离可以达到为 120 Å。蒙脱土层间吸附的阳离子浓度远大于水的离子浓度，由于浓度差的存在，蒙脱土层可看成一个渗透膜，在渗透压力作用下水分子继续进入蒙脱土片层间，引起蒙脱土的进一步吸水。

无网络结构条件下中水势复相介质—水体系的微观结构特征如图 5-4 所示。试样是在图 2-7 或图 8-11 含水率曲线中趋于水平的下拐点处取样(详见 8.3 节),然后放置在经低温等离子体加工的聚丙烯薄膜表面,经超声振动制取。由于亲水基团的亲水性大小顺序为酰胺基(—$CONH_2$)>羟基(—OH)>氧原子(—O—),因此聚丙烯酰胺比蒙脱土颗粒优先吸附水发生溶胀,聚丙烯酰胺在水作用下的溶胀使其由束型逐步发展成了枝状型。枝状型聚丙烯酰胺的伸展和逐步电解质化,表现出对蒙脱土的相同负电斥力和溶胀推力,将不同区域块状蒙脱土聚集区之间的交错点拆断,形成了片状分布,“桥接”成片的蒙脱土颗粒断续地分布在枝状树脂之间。此时的蒙脱土颗粒中也已具有吸附水和毛管水,但颗粒和颗粒之间还不具有电解质特性,没有发生双电层斥力。

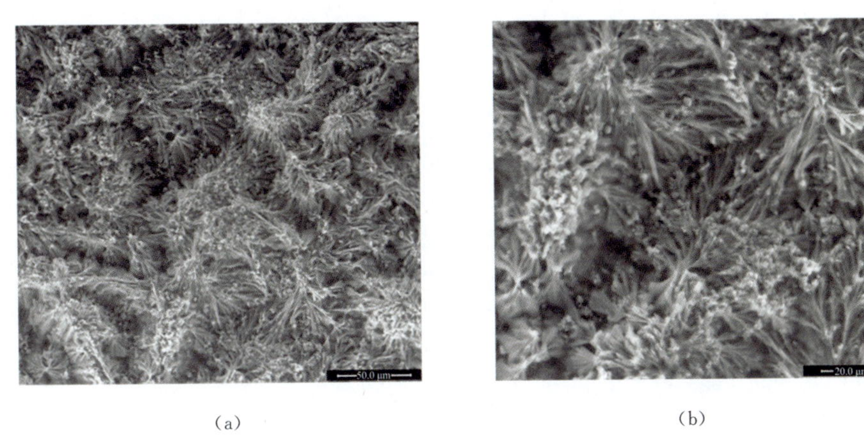

(a)　　(b)

图 5-4　无网络结构下中水势复相介质—水体系的微观结构特征

此条件下复相介质传水优先选择相距最短的成片蒙脱土“桥接”通道进行,水分跨越最短程聚丙烯酰胺枝状孔成为导水速度的控制因素。由于含水率低,不足以形成树脂网络结构,同时线性聚丙烯酰胺在纤维支撑体表面(衬底)的作用下由束型溶胀成树枝形,成片的蒙脱土颗粒之间仍处于范德华力和静电力作用“桥接”状态。

5.3　无网络结构条件下中高水势复相介质—水体系的结构特征

随着复相介质含水量增加,蒙脱土颗粒在水的作用下逐渐形成胶体颗粒。由于颗粒带负电荷且具有一定的离子交换能力,因此,蒙脱土颗粒表面能吸附与其自身所带负电荷符号相反的阳离子。靠近蒙脱土颗粒表面静电引力大,吸附的阳离子密度高,且阳离子可随蒙脱土颗粒一起运动,这一层称为吸附层。吸附层厚度比较薄,一般只有几个 Åm(10^{-10} m)。处在吸附层以外的阳离子由于本身的热运动,向低浓度处扩散。此层的阳离子因为与蒙脱土颗粒表面距离较远,静电引力逐渐减弱,不能随颗粒一起运动,此层称为扩散层。扩散层中阳离子分布是不均匀的,靠近吸附层处多一些,而远离吸附层逐渐减少,直至边界为零。扩散层厚度约 10～100 Åm。蒙脱土的双电层就是吸附层和扩散层这两层。滑动面是处于吸附层和扩散层之间的一个面，它是由于吸附层中的阳离子和蒙脱土颗粒一起运动，而扩散层中的阳离子则有一个由于滞后现象而呈现的滑动层，双电层示意如图 5-5 所示。

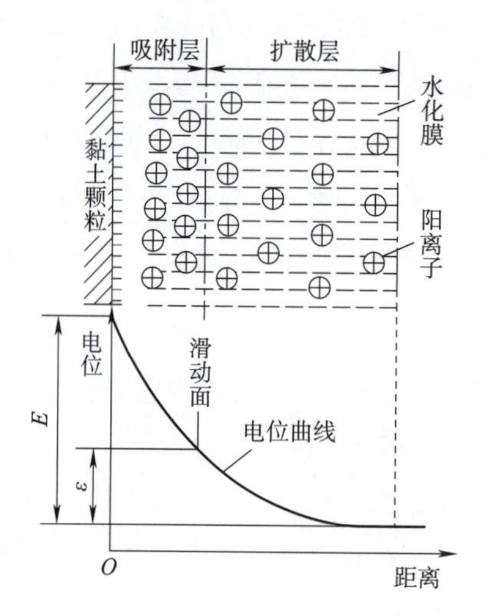

图 5-5　双电层示意

根据双电层理论可以计算两蒙脱土胶体颗粒之间的静电排斥能。假设蒙脱土为球形颗粒，则对于两半径相同的球形蒙脱土颗粒间的双电层静电排斥能表达式[120-121]为

$$V_{R}=\frac{64an_{0}kT\gamma_{0}^{2}}{\kappa^{2}}e^{-\kappa d} \tag{5-3}$$

式中，a 为颗粒半径；d 为两颗粒间的最短距离；n_0 为溶液中的电解质浓度；k 为 Boltzmann 常数，1.38×10^{-23} J/K；κ 为常数，其倒数即为双电层厚度；T 为热力学温度；γ_0 为与颗粒的表面电势 φ_0 有关的物理量。

对于两个半径相同的球形粒子，则粒子间的斥力势能[121]

$$V_{R}=\frac{64\pi an_{0}kT\gamma_{0}^{2}}{\kappa^{2}}e^{-\kappa d} \tag{5-4}$$

在蒙脱土—水体系中，蒙脱土所受力为颗粒间的范德华引力和双电层排斥力。蒙脱土颗粒之间的团聚和分散是由范德华吸引能 V_A 和双电层排斥能 V_R 的综合作用能 V 来决定的，它们之间的关系如图 5-6 所示。其中横坐标为两颗粒间的距离 d，纵坐标为相互作用能 V。当 $V>0$，即颗粒间距 d 处于颗粒 $d_1<d<d_2$，之间排斥力占优势，颗粒处于分散状态；反之，当 $V<0$，即颗粒间距处于 $d<d_1$ 或者 $d>d_2$，颗粒之间吸引力占优势，颗粒处于聚集状态。由图可以看出，随着间距的增加，颗粒间作用力依次表现为引力→斥力→引力。

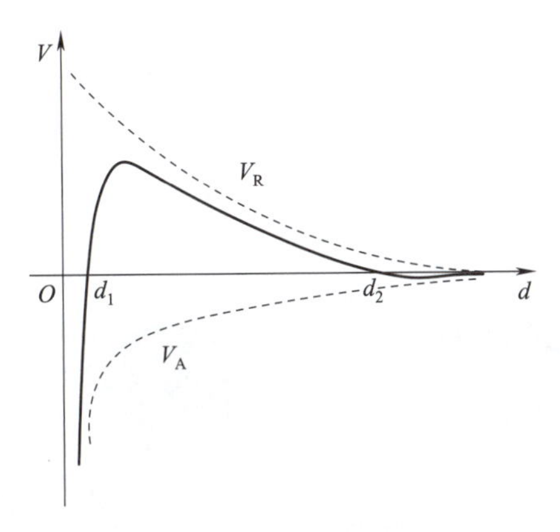

图 5-6　蒙脱土胶体颗粒相互作用位能和距离的关系

图 5-7 是中高水势下无网络结构复相介质—水体系的微观结构特征。试样是在图 2-7 或图 8-11 含水率曲线趋于水平的上拐点处取样(详见 8.3 节),然后放置在经低温等离子体加工的聚丙烯薄膜表面,经超声振动制取。与图 5-4 相比,聚丙烯酰胺溶胀的树枝状更加发达,成片区域的蒙脱土颗粒逐步发生“断桥”现象。此时,随着含水率的提高,蒙脱土表面自由水更加发达,介质趋于电解质特性,蒙脱土颗粒之间逐步产生双电层斥力(图 5-6);与此同时,聚丙烯酰胺的电解质性能也逐步显现,其表面的负电性与蒙脱土表面的负电性发生排斥作用,这双重作用使成片区域的蒙脱土颗粒发生了“断桥”。此时的介质导水主要依靠聚丙烯酰胺树枝间隙和部分仍“桥接”在一起的蒙脱土颗粒进行。

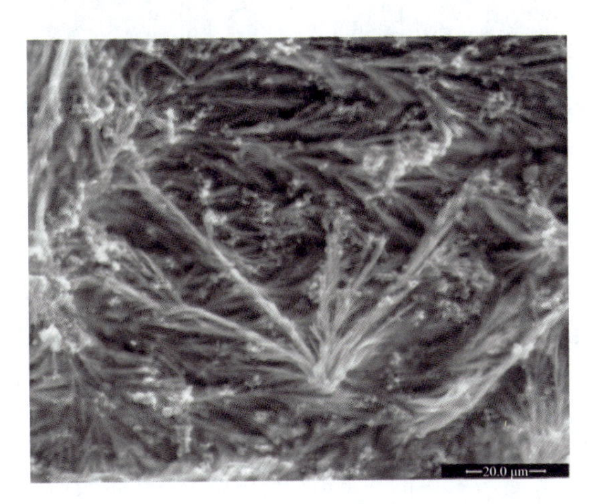

图 5-7　无网络结构条件下中高水势复相介质—水体系的微观结构特征

5.4 无网络结构条件下高水势复相介质—水体系的结构特征

复相介质—水体系在形成树脂网络结构之前的微观结构特征如图 5-8 所示，属于无网络结构条件下高水势复相介质—水体系的结构特征。

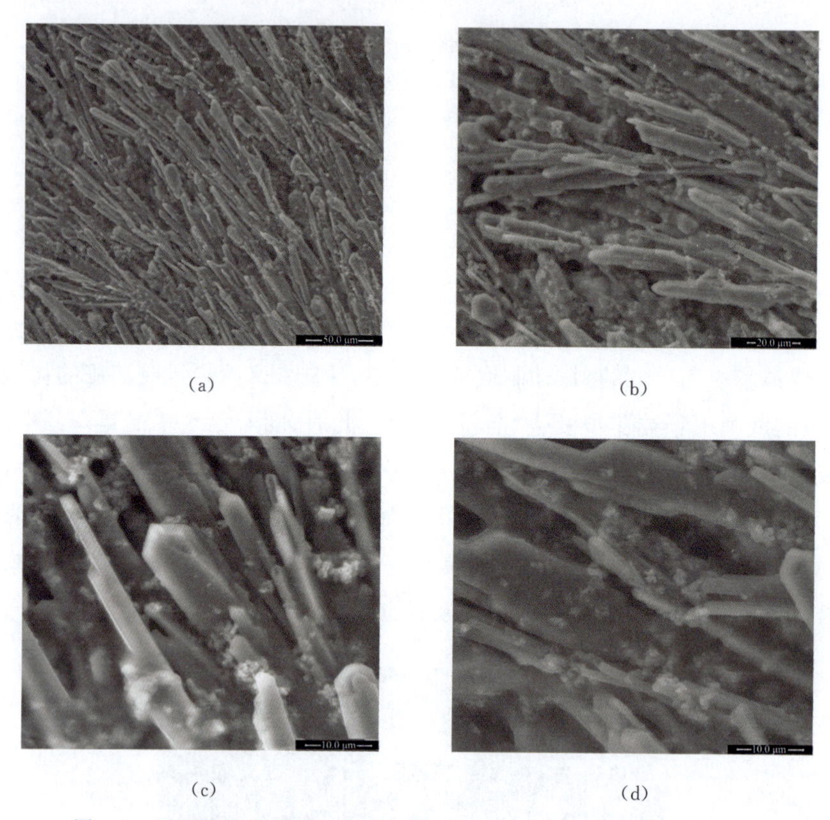

(a) (b) (c) (d)

图 5-8 无网络结构条件下高水势复相介质—水体系的微观结构特征

图 5-8 所示的试样是在图 2-8 或图 8-11 含水率曲线上较高水势处取样，然后放置在经低温等离子体加工的聚丙烯薄膜表面，经超声振动制取。从图中可以看到，聚丙烯酰胺溶胀伸展，成为发状生长，发状的吸水树脂方向趋于一致，几乎垂直于“衬底”表面，但此时还不足以形成网络结构。造成此状态的原因有两方面，一方面归因于复相介质—水体系目前的水势，另一方面归因于纤维支撑体表面的衬底作用。纤维支撑体表面经电晕处理后，聚丙纶的表面趋于非晶化(图 7-2)。非晶化的表面具有强亲水性和极性，该表面对吸水溶胀后的树脂具有固定支撑作用，从某种程度上阻碍了高吸水树脂的网络化结构形成。图中的蒙脱土颗粒呈分散状和少量团聚状，蒙脱土之间的静电斥力和与树脂之间的静电斥力使蒙脱土更加趋于分散。此时的复相介质传水主要通过树脂间隙进行。

5.5　低含水率条件下复相介质—水体系的结构特征

通过复相介质设计和复相介质水流体动力学方程可知，假设水源水质一定，从含水率100％的水源点到土壤出水口沿导水纤维的水势梯度分布由复相介质配比、导水纤维长度和土壤的结构及含水率等因素来决定。第 2 章中测定的复相介质[m(PAM)∶m(MMT)＝4∶1]的含水率曲线、水分特征曲线以及导水率曲线的前提是假定了导水纤维无限长的情况。如图 2-7 中，100％水源点对应的复相介质含水率由 100％突降至不足 40％，这说明导水纤维水接触端复相介质的树脂网络多孔在渗水。当 x_0＝2.8 cm 时正是复相介质由网络结构向枝状结构转变的分界点，但这一分界点是基于导水纤维无限长的假设得出的。假设导水纤维设计长度为 2.8 cm，则 2.8 cm 长的导水纤维的水势梯度会发生很大的变化，复相介质网络结构向枝状结构转变的分界点将会移至 x_0＜2.8 cm 处。另外，水势梯度的变化与土壤特性及含水率也有很大关系，一般地，当土壤特性一定、复相介质一定、导水纤维长度一定时，水势梯度的变化会随着土壤湿度的变化而变化。不管沿导水纤维水势梯度如何变化，这里所分析的低含水率条件下沿导水纤维蒙脱土颗粒的聚散规律和聚丙烯酰胺的溶胀与脱水规律是不变的，只是反映复相介质—水体系结构变化的特征分界点位置沿 x 发生了偏移。

从图 2-7 中得知，在实际生产应用中，可根据植物水分需求（渗水速度）、土壤特性、复相介质设计、导水纤维长度来确定土壤最佳湿度，当土壤的湿度低于该最佳湿度时，溶胀推进峰将后退（左移），水分在“束水”树脂网络结构中的扩散距离缩短，而在“导水”蒙脱土“桥接”结构中区段加宽，导水速度加快；相反，当土壤湿度高于确定的最佳湿度时，溶胀推进峰会向前（向右）推进，“束水”相加宽，“导水”相比例减小，导水速度减慢或停止。

复相介质实质上是在 100％水源点与土壤之间构建了一个自调节土壤湿度的水势梯度“阀”。如果该“阀”用单一的纯高吸水树脂或者单一的纯蒙脱土颗粒来制作，只能实现缓释水和极小范围内的水量调节功能，而将聚丙烯酰胺高吸水树脂的“束水”相与蒙脱土“导水”相复合构成的复相介质将 100％水相与土壤相之间连接起来，形成了沿导水纤维复相介质—水体系的动态自调节结构。

图 5-9 反映了沿导水纤维从高水势到低水势过程中，复相介质—水体系动态结构的变化过程。在不同水势下沿导水纤维结构上的变化具有规律性。图 5-9(a)反映了无网络结构的复相介质在高水势下的结构形貌。复相介质含水率高，聚丙烯酰胺的枝状结构溶胀变得发达，使得蒙脱土颗粒发生“断桥”，导水速度减慢；图 5-9(c)反映了无网络结构的复相介质在低水势下的结构形貌。复相介质含水率低，聚丙烯酰胺的枝状结构为非溶胀状态，蒙脱土颗粒“桥接”，导水速度加快；图 5-9(b)反映了无网络结构的复相介质在中水势下的结构形貌。复相介质含水率中等，聚丙烯酰胺枝状结构处于部分溶胀状态，蒙脱土颗粒部分“桥

接”,此时水分传导通过聚丙烯酰胺微孔和部分“桥接”的蒙脱土颗粒通道,导水速度介于快和慢之间。图 5-9(d)为对应的高、中、低三种水势情况下复相介质的导水机理示意。

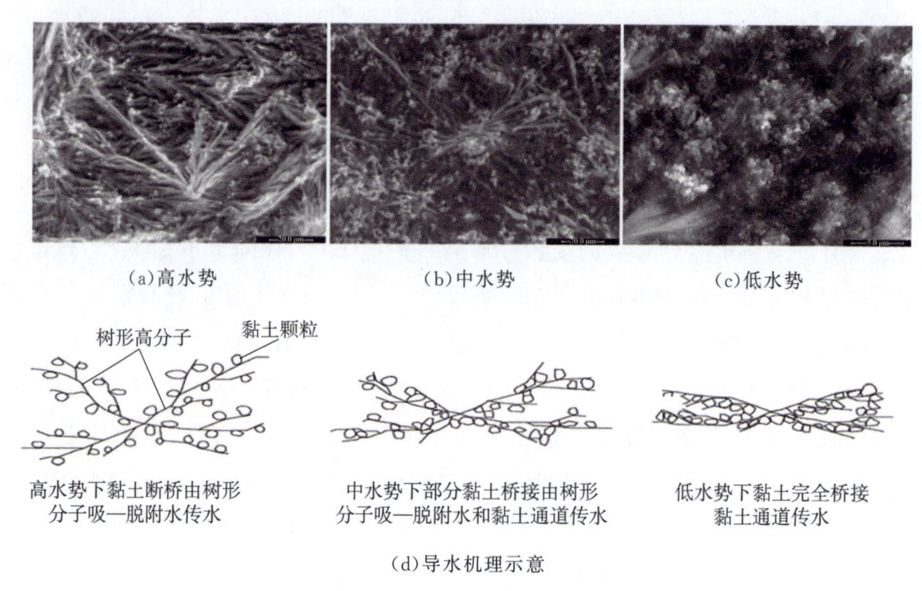

图 5-9 无网络结构的复相介质从高水势到低水势的结构变化

第6章 高含水率条件下复相介质结构动力学

高含水率条件下(有网络结构)复相介质—水体系的传水实际上就是树脂网络在水势梯度下的自由水传水问题。这一问题在相关高吸水性树脂的研究中可以看到。但是本研究不专注树脂的吸水性能,对复相介质导水性能影响最大的问题是树脂网络结构形成与消失对蒙脱土颗粒动态运动的影响,这种变化只可能发生在两个变化过程:吸水树脂遇到干旱土壤时的脱水过程;网络结构消失而过渡到枝状结构的过程。因此,本章采用 FEI Quanta 2000 型环境扫描电子显微镜对网络树脂在脱水过程中蒙脱土颗粒的运动规律进行了研究。

6.1 高含水率条件下复相介质的多孔特征

无水线性聚丙烯酰胺大分子之间处于物理缠结和氢键弱交联状态,与水接触时,一部分水分子与网络中的亲水基团通过氢键方式结合为“结合水”,这部分水不再具有普通水分子的某些性质,如在 0 ℃不能冻结,成为“不冻结水”;另一部分水分子则以“自由水”形态存在,这种水的性质与普通水分子的性质完全相同,称为“可冻结水”,可以流动;而介于两者之间,并且受到与“结合水”之间的氢键影响的一部分水分子则称为“束缚水”。

图 6-1 是高含水率状态下复相介质中聚丙烯酰胺充分吸水后所呈现的多孔状态的显微结构。试样制备:将复相介质放于聚丙烯薄膜(憎水,表面未改性)表面,用去离子水使其充分溶胀,树脂形成网络通孔,孔径尺寸在 30～100 μm 之间。

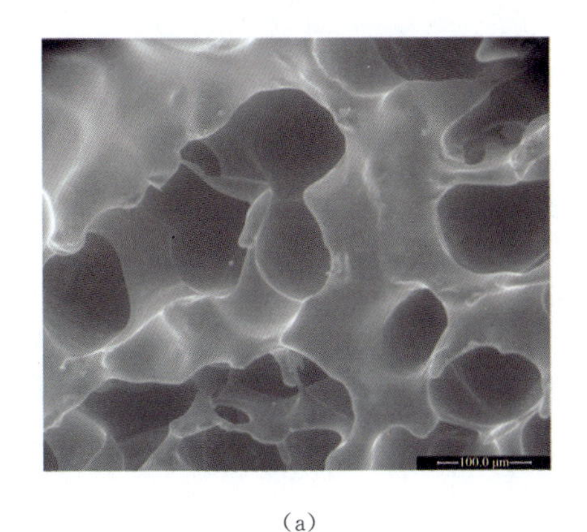

(a)

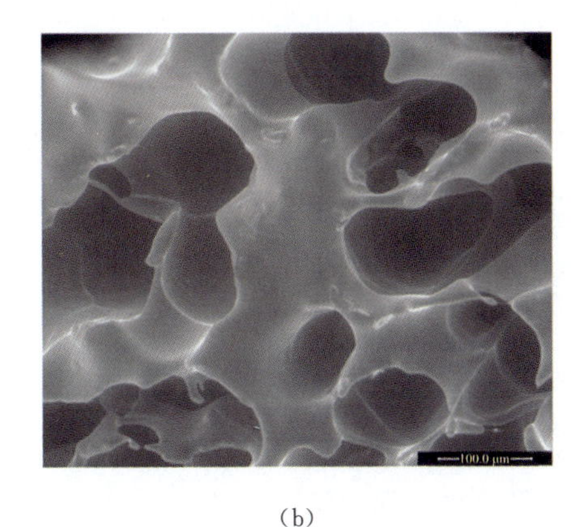

(b)

图 6-1 水饱和状态下的复相介质的显微结构

图 6-2 为复相介质—水体系在含水率近 40%条件下具有网络结构的位置的显微结构。试样的制备是在图 2-8 或图 8-11 含水率曲线高含水率位段取样，然后放置在经低温等离子体加工的聚丙烯薄膜表面，经超声振动制取。从图中可以看到复相介质—水体系网络非常发达，由于自由水的脱除，使整个体系的网络结构有所收缩，孔径在 3～5 μm 之间。

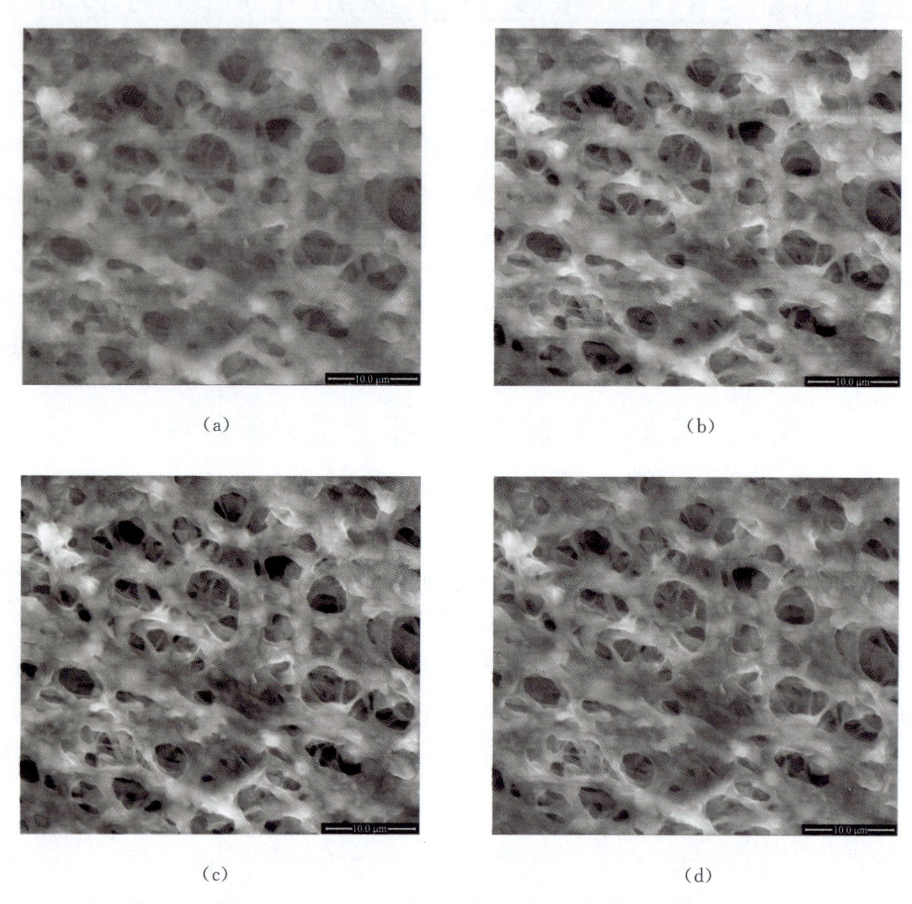

(a) (b) (c) (d)

图 6-2　高含水率下复相介质—水体系脱水过程中的网络结构变化

对比图 6-1 和图 6-2 可知，图 6-1 是高吸水树脂充分吸水后的结构特征，其网络格间尺寸和自由水通道直径均加大。这是由于水分子与树脂亲水基团形成氢键，亲水基团发生离解，一方面高分子链上阴离子数增多，离子之间静电斥力使树脂溶胀；另一方面，树脂内部阳离子浓度增大网络内外渗透压使水分子进一步进入树脂网络。这一特征在实际复相介质传水过程中是不存在的，因为复相介质沿导水纤维将“100%水”(水源)按照一定水势梯度转化为土壤合理湿度的这一过程是动态连续的，没有给高吸水树脂充分溶胀吸水的足够时间，图 2-7 表明导水过程中实际复相介质含水率≤40%，但研究复相介质过饱和吸水和脱水过程有利于剖析网络的消失机理和蒙脱土的动态行为。图 6-2 是复相介质高含水率区域真实的复相介质—水体系照片，自由水通道孔径尺寸仅 3～5 μm，网络发达，比表面积很大，内部阳离子浓度增大网络内外渗透压，因此，将该过程看作是水的渗透问题，且渗透的自由水继续在水势梯度作用下向低水势方向传递(见 4.2 节)。

6.2　高含水率条件下复相介质中导水颗粒的分布

图 6-3 为高含水率条件下复相介质中导水颗粒分布的微观结构变化。试样制备：将复相介质放于聚丙烯薄膜(憎水，表面未改性)表面，用去离子水使其充分溶胀。

该结构为饱和吸水状态，经 4 次脱水可以看出蒙脱土颗粒在饱和水聚丙烯酰胺中的分布规律。此时的高吸水树脂网络中存在结合水、束缚水和自由水。“凸出”的颗粒 1 和颗粒 2，由于表面无自由水，而使蒙脱土颗粒与树脂发生了范德华力或静电力结合。除上述颗粒 1 和颗粒 2 外，其他所有蒙脱土颗粒均由于树脂网络大量自由水的存在而形成分散游离状态，这一状态归因于自由水的电解质性质。一方面树脂的“大阴离子”特性排斥了带负电的蒙脱土颗粒；另一方面，蒙脱土颗粒间的双电层斥力也使颗粒间发生了分散分离。

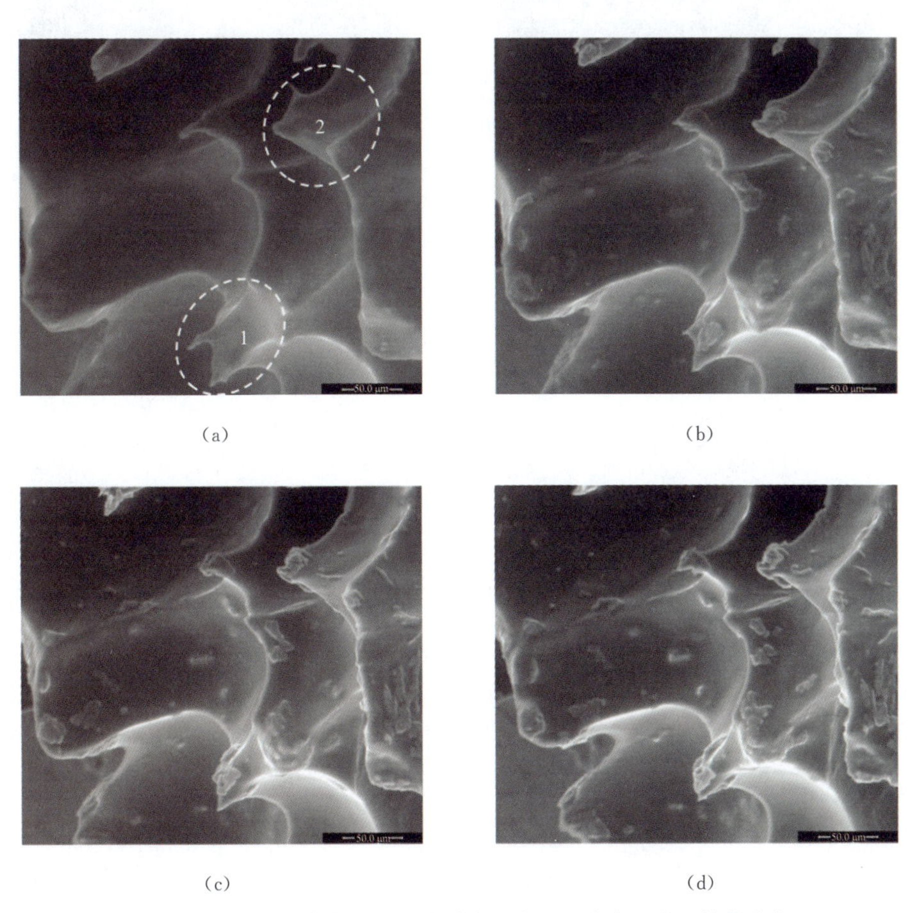

(a)　(b)

(c)　(d)

图 6-3　高含水率条件下复相介质中导水颗粒分布的微观结构变化

6.3 高含水率条件下复相介质“脊”的塌陷

图 6-4 是高含水率条件下复相介质网络结构变化的显微形貌，图 6-4(b)是图 6-4(a)的脱水状态。将复相介质置于聚丙烯薄膜(憎水，表面未改性)表面，用去离子水使其充分溶胀。该结构处于饱和吸水状态，通过脱水可以发现，图中箭头方向发生了网络“脊”的塌陷。这主要是因为靠近线性树脂表面的结合水在 0 ℃时处于不冻结状态，而树脂网络中的自由水在脱除中蒸发，降低了对网络“脊”的支撑作用，导致网络“脊”的塌陷。由于环境扫描电镜的负压操作也反映了实际复相介质的动态失水过程，即“脊”的塌陷也表明这种高吸水树脂优先失水的特征，进而反映了高含水率状态下树脂优先脱水的动态变化规律。这种网络“脊”的塌陷将对复相介质中蒙脱土颗粒的运动规律产生了影响。

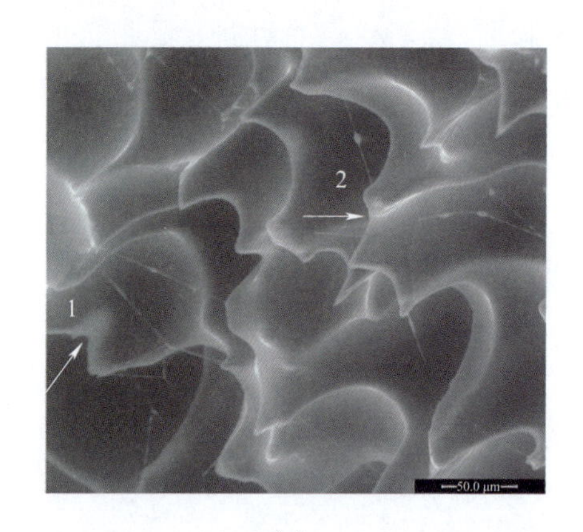

(a)

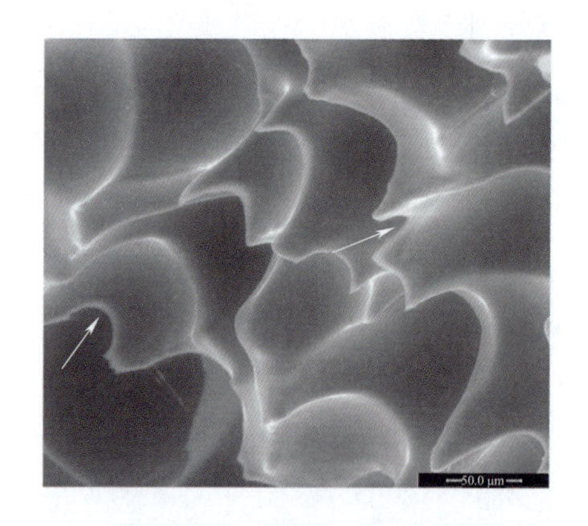

(b)

图 6-4　高含水率条件下复相介质网络结构变化的显微形貌

6.4 高含水率条件下导水颗粒的脱水过程

图 6-5 为高含水率条件下复相介质中导水颗粒动态运动的微观结构。试样制备:将复相介质放于聚丙烯薄膜(憎水，表面未改性)表面，用去离子水使其充分溶胀。

由图 6-5 可以看出经过对饱和复相介质的 4 次脱水后的蒙脱土颗粒的动态变化过程。颗粒 1 的脱水过程表明，分布于“脊”上的蒙脱土颗粒周围水分被优先脱除，说明蒙脱土或线性聚丙烯酰胺处于凸面上的非冻结自由水比凹面冻结水更容易脱除。颗粒 2 表明，作为交联点的蒙脱土随着相邻“脊”的塌陷，比凹面自由水更容易被脱除。颗粒 3 表明，界面上最小网络结构优先被脱水，并且随着水的脱除，结构尺寸趋于变小，结构中的蒙脱土颗粒在网络结构的变化下趋于相聚。

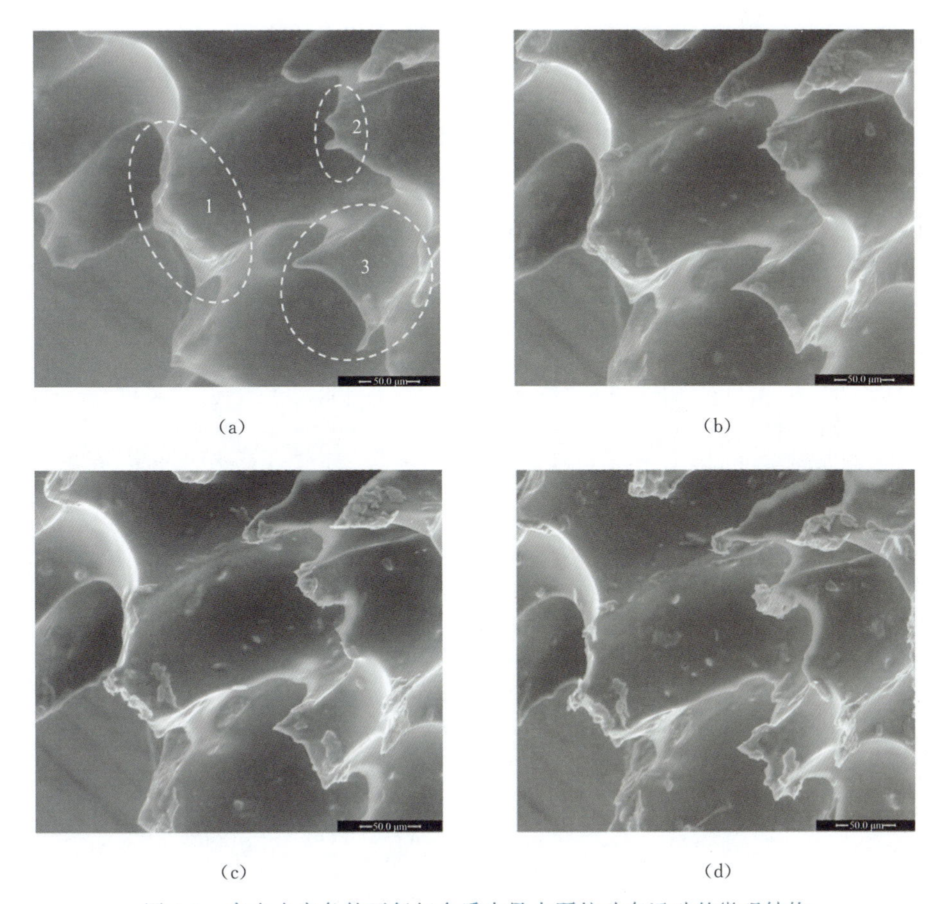

(a)　(b)　(c)　(d)

图 6-5　高含水率条件下复相介质中导水颗粒动态运动的微观结构

因此可知,高含水率条件下蒙脱土颗粒脱水过程表现为以下三个特征:

(1)位于“脊”上的颗粒优先脱水。

(2)树脂网络结构交联点处的蒙脱土颗粒随着相邻“脊”的塌陷而优先脱水。

(3)最小网络结构上的蒙脱土颗粒优先脱水。

这说明复相介质中的“束水”相聚丙烯酰胺相对比较稳定(束水特征),而靠近失水界面的含有蒙脱土颗粒的“脊”、交联点和最小网络结构相为不稳定相。该不稳定相是由于易脱水的蒙脱土颗粒的介入而导致的体系局部位点优先发生脱水。

6.5　高含水率条件下导水颗粒的相聚运动

图 6-6 为高含水条件下复相介质中导水颗粒动态变化的显微结构。试样制备:将复相介质放于聚丙烯薄膜(憎水,表面未改性)表面,用去离子水使其充分溶胀。

该结构为饱和水状态下的复相介质表面形貌,颗粒 1 和颗粒 2 均为界面上最小网络结构,经过 6 次脱水,这两个网络结构优先消失,导致最小网络结构中的颗粒相聚。作为交联点的蒙脱土颗粒 3 在相邻“脊”的塌陷下，自由水被优先脱除。而作为交联点的蒙脱土颗粒 4 和 5 之间的“脊”上有蒙脱土颗粒，该“脊”并没有发生塌陷，但 4 相邻有一个“脊”发生塌陷，也使其表面自由水被优先脱除。蒙脱土颗粒 5 也是在相邻的“脊”塌陷的条件下其表面自由水被优先脱除。总的来说，一是交联点上的蒙脱土颗粒只要相邻有一个“脊”塌陷，该颗粒的表面自由水就被优先脱除；二是界面上最小网络结构优先消失而导致颗粒相聚。

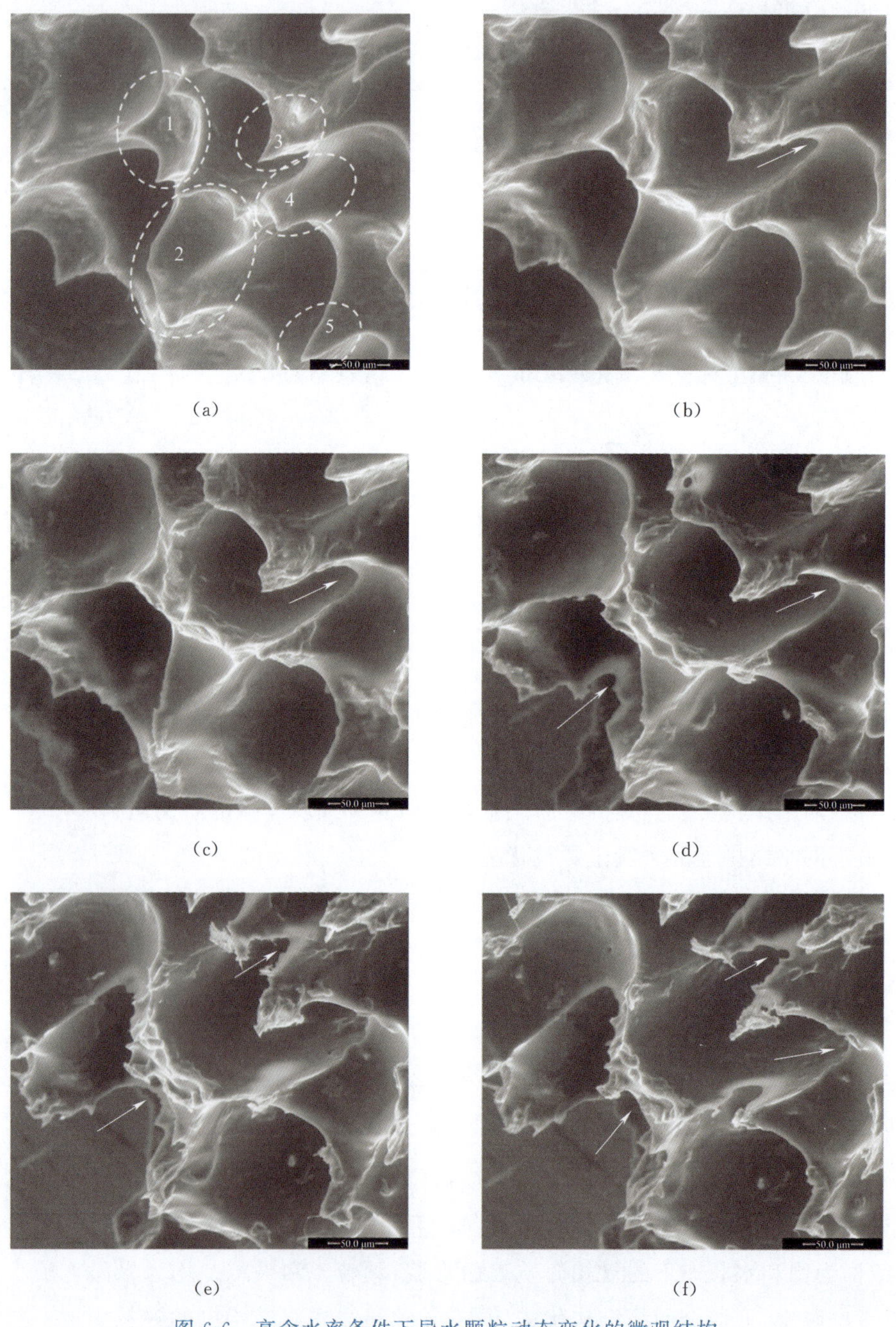

(a)　(b)　(c)　(d)　(e)　(f)

图 6-6　高含水率条件下导水颗粒动态变化的微观结构

以上分析表明，高含水率条件下蒙脱土颗粒的相聚过程（“桥接”）最初是发生在失水界面上最小网络消失的过程。交联点上颗粒的脱水中要求至少有一个相邻的“脊”的塌陷；“脊”上的颗粒直接脱水，无论交联点处还是“脊”上颗粒随后都进入新的最小网络结构，又在新的最小网络结构消失中相聚（“桥接”）。

6.6　高含水率条件下导水颗粒的吸水过程

聚丙烯酰胺的高分子链上含有大量的强亲水基团（—$CONH_2$），遇水后强亲水基团首先与水由氢键构成“结合水”，“结合水”外部由极性水分子之间构成一定厚度的“束缚水”，“束缚水”水的外侧即为“自由水”通道。

图 6-7 揭示了复相介质过程中的蒙脱土颗粒的动态变化过程[122]，该图系统展示了复相介质在吸水过程中蒙脱土颗粒动态行为。

图 6-7(a)是聚丙烯酰胺脱除自由水时的蒙脱土颗粒之间发生了“桥接”行为，由于亲水基团的亲水性：酰胺基（—$CONH_2$）＞羟基（—OH）＞氧原子（—O—），其中羟基（—OH）和氧原子（—O—）为蒙脱土表面和层内基团，当聚丙烯酰胺脱除网络自由水时，蒙脱土颗粒间依靠范德华力和静电力发生“桥接”。

图 6-7(b)是试样中蒙脱土颗粒发生松散，主要归因于蒙脱土颗粒层间域吸水膨胀的过程。

图 6-7(c)是试样中聚丙烯酰胺网络含有少量自由水时蒙脱土颗粒的动态行为显微图片。树脂网络自由水达到一定程度，也使蒙脱土颗粒之间产生自由水，颗粒之间自由水的出现使团聚的蒙脱土颗粒—水体系具备了电解质性质，蒙脱土颗粒间在电解质水中具有双电层斥力和范德华力双重作用。在电解质中蒙脱土颗粒之间以双电层斥力为主还是以范德华吸力为主，通过图 5-6 分析的双电层排斥能 V_R 和范德华能 V_A 来决定。团聚的蒙脱土颗粒[图 6-7(b)]中心位置产生排斥力，而边缘颗粒间仍保持范德华力“桥接”，形成圆环状颗粒链。这表明团聚的蒙脱土颗粒群随着中心部位自由水的增加，首先水的表面张力的收缩作用使两颗粒之间形成“液桥”，将引起颗粒之间的牵引力，而成为毛细管力；随着中心位置含水量增加，颗粒间距 d 值为 $d_1<d<d_2$ 时，颗粒之间表现为排斥力（图 5-6）；而此时边缘颗粒由于自由水含量相对较低，颗粒间距 d 值为 $d<d_1$，此时颗粒间表现为范德华引力。

随着圆环颗粒链上蒙脱土颗粒间自由水增加，颗粒间距 d 增大，$d_1<d<d_2$，于是圆环颗粒发生了断链现象[图 6-7(d)]。随后，一方面沿链环线含水率分配上存在差异；另一方面这种自发的斥力能由于受含水率影响不足以让每个颗粒之间发生断链，结果是圆环链断裂成三个颗粒聚集体，而三个颗粒聚集体之间距离 d 由于 $d_1<d<d_2$ 而排斥分离[图 6-7(e)]。进一步发展，可以从图中观察到，随着三个颗粒聚集体的含水率提高，每个颗粒聚集体又进一步发生颗粒“断桥”[图 6-7(f)]。

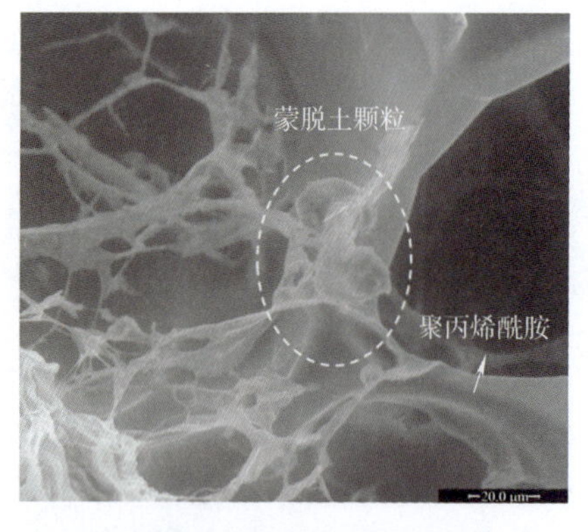

(a)蒙脱土颗粒处于“桥接”状态

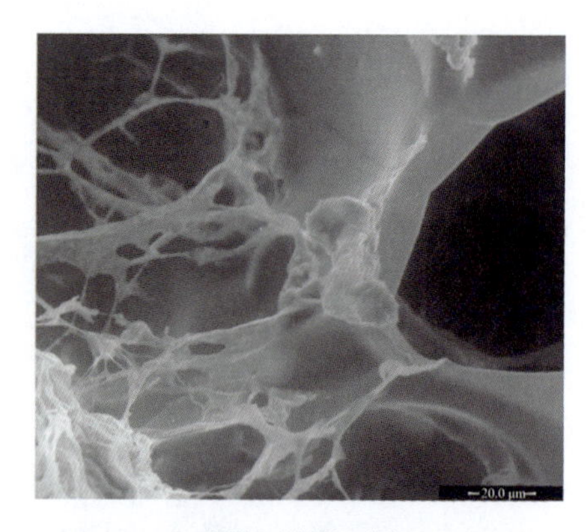

(b)蒙脱土“桥接”变松

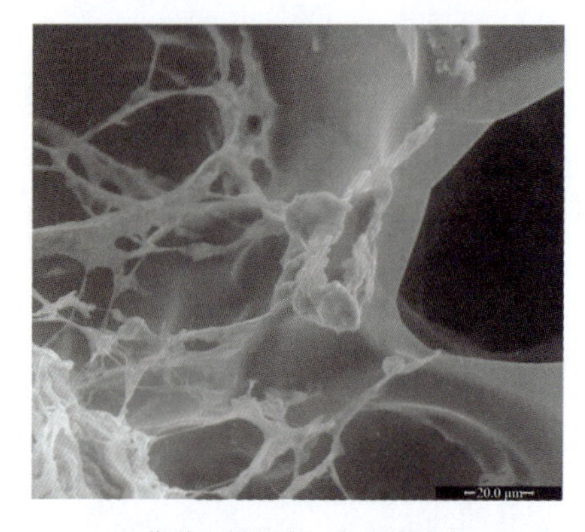

(c)蒙脱土颗粒中心产生排斥力

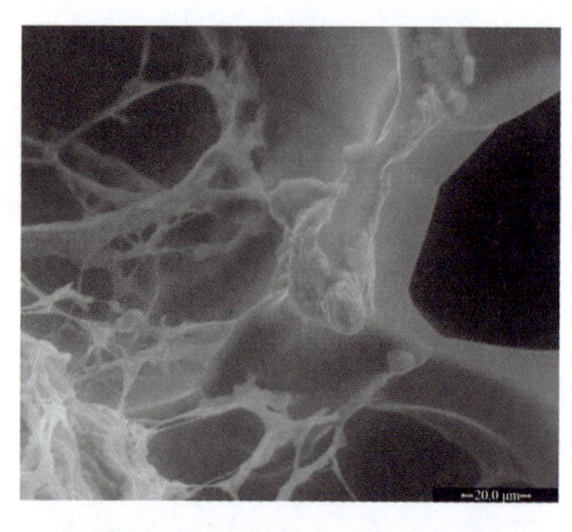

(d)蒙脱土颗粒中心排斥力进一步增大

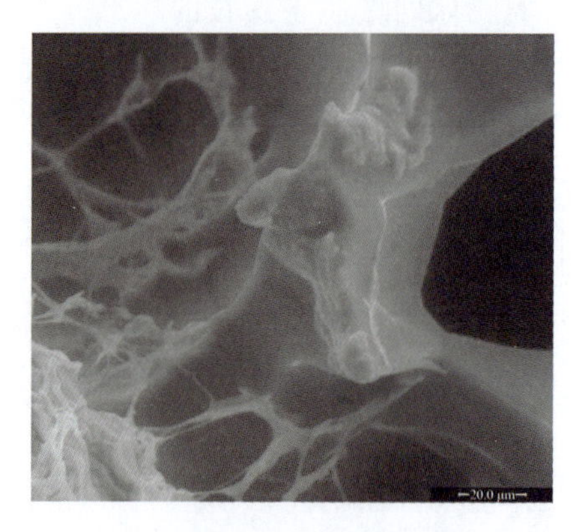

(e)蒙脱土颗粒形成“断桥”

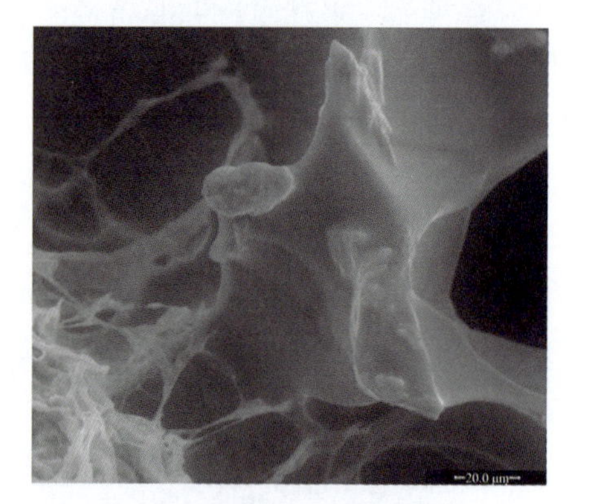

(f)蒙脱土颗粒进一步“断桥”

图 6-7　复相介质吸水过程中蒙脱土颗粒的动态变化过程

以上分析表明，复相介质中的蒙脱土颗粒的“桥接”和“断桥”的动态变化过程主要归因于低水势时蒙脱土间的范德华力、静电力和高水势下蒙脱土间的双电层斥力。在动态微观结构上，由于含水率变化随时间上的序列性（现场土壤湿度、温度变化对复相介质的影响有一个过程），上述范德华吸附能和双电层排斥能在分配上也具有一定的序列性，即先是大颗粒群的聚合与分散，再到小颗粒群的聚合与分散，最后到双颗粒间的聚合与分散。

第7章 复相介质纤维支撑体及渗灌器加工制造工艺

复相介质—水体系动力学理论的应用除了材料的制备外,离不开材料的组装与器件制造,而由于界面亲水性对复相介质导水性能影响很大,因此从动力学角度研究复相介质的器件化显得尤为重要。一方面,纤维支撑体作为复相介质的衬底,其表面亲水活性对复相介质—水体系的枝状结构影响很大;另一方面,研究表明复相介质沿单根导水纤维方向具有渗流均匀、无压自发进行的优势,为了克服将导水纤维用浇铸工艺制成芯片而导致的纤维分布不均匀问题,本章在建立复相介质水流体动力学的基础上,采用3D打印技术制备和生产渗灌器件。因此本章重点论述纤维支撑体表面处理、复相介质渗灌器3D打印技术。这两项技术的加工制造研究是对复相介质—水体系动力学理论研究的进一步产业实践。

7.1 纤维支撑体表面低温等离子体加工

将复相导水介质涂敷于纤维支撑体上构成复合导水纤维,该纤维形成的“细流体”有效解决了“孔式”渗灌的堵塞问题,保证植物成活的渗水率可通过多根纤维来实现。纤维支撑体在性能上要有以下两个基本要求:

(1)为了加工制造工艺上的适应性而采用热熔性纤维。

(2)为了形成复相介质的有效支撑体表面,需对热熔纤维表面进行非晶化亲水性处理。

7.1.1 低温等离子体加工方法

纤维支撑体选用聚丙烯纤维。聚丙烯纤维具有韧性好、柔性好、抗拉伸、耐腐蚀、化学稳定等优点,但其表面憎水,表面活性基团很少且界面结合性能差。因此,需要对聚丙烯纤维进行表面改性处理,以改善其表面与复相介质之间的结合性能和亲水性。

对聚丙烯纤维进行表面改性的主要目的是使其表面引入活性官能团,提高其亲水性。目前聚丙烯纤维表面改性方法主要有表面物理改性、表面溶剂改性、表面化学氧化改性和表面接枝改性四种。表面物理改性是利用外来能量源照射(如电晕、辐射等)并借助空气中的氧使其与聚丙烯纤维表面发生反应;表面溶剂改性是利用三氯乙烯、四氯乙烯、五氯乙烷、二氯戊烷等含氯溶剂对聚丙烯纤维进行表面溶解处理(87 ℃)而产生粗糙表面;表面氧化改性是通过利用O_3、H_2CrO_4、重铬酸钠、浓HNO_3以及过硫酸盐等氧化性气体或化学试剂对纤维表面的无定形区进行腐蚀、氧化来引入极性官能团;表面接枝改性是对纤维表面通过化学接枝,在纤维表面形成接枝活性中心,再与含有活性官能团的单体发生接枝共聚而引入活性官能团[123]。由于物理改性、表面溶剂改性、表面化学氧化改性和表面接枝改性均有可能带来环保风险,因此本书采用低温等离子体改性技术对聚丙烯纤维表面进行改性,以适应绿色制造的要求。

低温等离子体粒子能量一般为几个至几十电子伏特,大于聚合物结合键能(几个至十几个电子伏特),能够实现对聚丙烯纤维进行表面改性加工,且不改变纤维基体结构,无污染。

低温等离子体放电包括辉光放电和电晕放电两种,辉光放电强度一般高于电晕放电,且对放电介质具有选择性,而电晕放电只需在空气中进行。本书是将聚丙烯纤维表面作为衬底,用于有效组装复相介质。为了避免辉光放电可能导致纤维表面导水性大幅提高而影响复相介质自身的动态导水性能,本书采用电晕放电改性技术。通过使纤维表面形成点状活性基团,促使复相介质—水体系在低含水率条件下形成足够的枝状结构,从而极大提升了该条件下复相介质的动态导水特性,且在空气中能够直接进行加工。

电晕放电等离子体技术的原理:在室温下,通过高频发生器产生的能量在电极之间形成高压电场,电极使逸出的电子加速且相互碰撞,将能量传递给空气分子,并激发空气分子与之电离分解,形成臭氧、活性氧等;同时,高能电子和离子轰击纤维表面,使聚丙烯纤维的C—C、C—H 键断裂,链断裂产生的自由基与空气电晕产物发生氧化、交联反应,使纤维表面产生大量羟基(—OH)、羧基(—COOH)和羰基(—COO—)等含氧极性基团[124],从而提高材料表面的附着能力。电晕处理后,材料表面产生刻蚀、糙化、基团引入、交联变体和接枝聚合等改变,达到表面改性的目的。电晕处理作用于有机材料的表层,不破坏其本体性能,对材料的力学性能影响小,改性效果远优于其他化学方法。

7.1.2 低温等离子体改性实验

采用如图 7-1 所示的 HCW-1200 型高效数码电晕机对聚丙烯纤维进行表面改性处理。该电晕机是由高频电源装置、高压变换器和放电装置三部分构成。高频电源装置先将频率 $f=50\sim60$ Hz 三相动力电转变为脉动频率数为 $6f$ 的直流电压,再转变为波长 10～200 μm 的低压高频波,通过高压变换器加到金属电极、电介体包覆电极上,当电压超过 1～2 mm 的空气间隙的电离电阻时,就会产生连续放电并在间隙产生电晕放电。在电晕过程中,通过高压变换器产生了大量的能量,在电极和处理辊之间形成了强大的电场,电极中释放出的电子在强大电场的作用下做加速运动,进而与空气中的分子发生碰撞,空气中的分子发生电离分解,产生臭氧和氧化氮等强氧化性气体。此外,电晕产生的高能电子会撞击处理辊上的材料,使材料表面分子链发生断裂,产生活性自由基,这些自由基会与臭氧和氧化氮等强氧化性气体发生氧化和交联反应,最终在材料表面引入了羟基(—COOH)、羰基(—C=O)等极性基团,从而提高材料的亲水性。

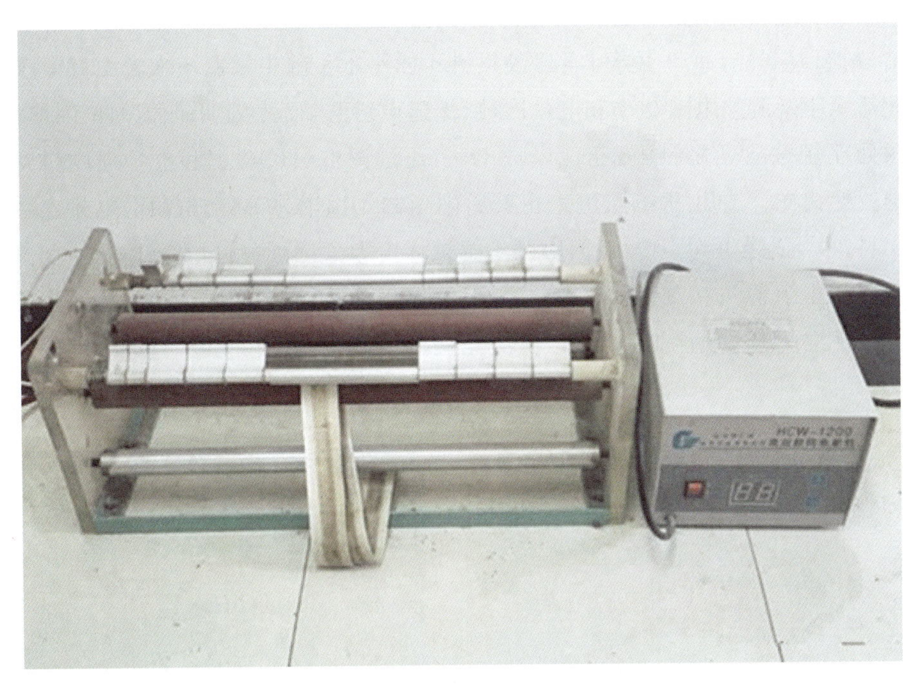

图 7-1　HCW-1200 型高效数码电晕机

将原始聚丙烯长纤维裁剪成长度 20 cm 的短纤维束并置于真空干燥箱内，温度设置为 50 ℃进行烘干，将纤维中的水分初步去除。然后用丙酮溶剂对纤维做去脂处理，将适量的丙酮溶剂置于烧杯中，放入经干燥后的聚丙烯纤维束，进行浸泡、洗涤和烘干，取部分聚丙烯纤维样品作为未经电晕处理的原始试样，并标记为 T_0，剩余部分作为电晕处理试样备用。

由于聚丙烯纤维外观呈圆条形状，且具有又细又长的特点，同时考虑到电晕机的放电部位为缝隙状，因此需要将聚丙烯纤维固定在履带上，通过拉动履带，使纤维表面经过放电区域，从而达到电晕处理的效果。电晕过程中首先要调整好电晕机放电部位的缝隙宽度，以保证电晕机平稳运行，电晕放电均匀正常且履带能顺利通过放电缝隙部位。将需要电晕处理的聚丙烯纤维试样均匀平铺在履带上，尽量保证纤维没有重叠缠绕，然后接通电源，打开电晕机，稳定电流，调整好电晕机的功率。通过履带缓慢拉动电晕机的绝缘棒，使绝缘棒转动，进而电晕机产生电晕放电现象。电晕放电过程中，要注意观察，避免让平铺有聚丙烯纤维的履带部分通过电晕机的放电缝隙。待电晕机放电均匀稳定以后，缓慢均匀地拉动履带，聚丙烯纤维试样就可以匀速地通过电晕机的放电缝隙，稳定地进行电晕改性处理。当纤维试样完全通过放电缝隙部位后关闭电晕机，电晕改性结束。不同电晕改性处理参数后的纤维试样可以通过调整电晕功率和调整履带通过电晕机放电缝隙部位的次数来获得。

根据聚丙烯纤维的特性，在不改变纤维本身性质的前提下，通过调节电晕功率和电晕放电次数，进行多组控制变量的重复试验，就能优选出电晕改性纤维所需要的合理电晕功率和电晕次数。功率太小或次数太少会造成电晕强度不足，纤维表面改性效果不明显；功率太大或次数太多又会造成电晕强度过大，纤维表面因处理过度而使其本身的性质发生改变，发生相互黏结、断裂或刻蚀，并产生异味等不良效果，均不能达到聚丙烯纤维表面有效改性的目的。因此需要不断调整电晕功率和电晕次数，优选得到电晕改性效果最佳的聚丙烯纤维。

将预处理好的聚丙烯纤维置于电晕放电区，通过调整电晕功率和电晕强度得到多组聚丙烯纤维改性试样。选用的电晕功率分别为0.6、0.8、1.0、1.2 kW，选用的电晕次数分别为4、6、8、10、12次，最终得到了20组聚丙烯纤维试样。为了记录和标记方便，特别定义电晕强度因数为1、1.5、2、2.5、3，分别对应着电晕次数为4、6、8、10、12次。最终试样编号见表7-1。原样聚丙烯纤维的编号设为T_0。

表7-1 电晕处理试样编号

试样编号	电晕功率/kW	电晕强度因数	试样编号	电晕功率/kW	电晕强度因数
P6F1	0.6	1	P10F1	1.0	1
P6F1.5	0.6	1.5	P10F1.5	1.0	1.5
P6F2	0.6	2	P10F2	1.0	2
P6F2.5	0.6	2.5	P10F2.5	1.0	2.5
P6F3	0.6	3	P10F3	1.0	3
P8F1	0.8	1	P12F1	1.2	1
P8F1.5	0.8	1.5	P12F1.5	1.2	1.5
P8F2	0.8	2	P12F2	1.2	2
P8F2.5	0.8	2.5	P12F2.5	1.2	2.5
P8F3	0.8	3	P12F3	1.2	3

7.1.3 聚丙烯纤维改性表面表征

为了分析电晕改性处理前后聚丙烯纤维表面结构的变化，采用D8 Advance多晶X射线衍射仪（德国Bruker-AXS公司）对试样作了X射线衍射分析，以确定聚丙烯纤维物相成分的变化。图7-2是试样的X射线衍射（XRD）图谱。可以看到，电晕改性前后聚丙烯纤维都存在110、040、130和111四个衍射钝峰，且形状均为钝锋，属于非晶区域散射。这是因为X射线照射到纤维内部的非晶区域后发生散射形成的，并且散射峰面积越大纤维内部非晶区域所占比例越大。聚丙烯纤维经电晕改性处理后的X射线衍射图与未电晕的图相比，衍射峰的位置基本没有发生变化，没有其他杂峰生成，而衍射峰的形状稍微增大，这表明电晕改性后聚丙烯纤维表面没有新物质生成，且自身结晶度降低，非结晶区域相对增大。该现象出现的原因可能是电晕处理产生的等离子体产生的辐射作用，破坏了聚丙烯纤维结晶区域，使其无定型区域增大，即纤维的非结晶区域增大。在非结晶区域，水分子容易发生扩散和停留，从而使纤维的亲水性增强。因此，电晕改性处理可以改变聚丙烯纤维表面的结晶区域和非结晶区域的相对含量，非结晶区域随着电晕功率和强度因子的增加而相对增大，从而提高了聚丙烯纤维的吸湿性和亲水性。

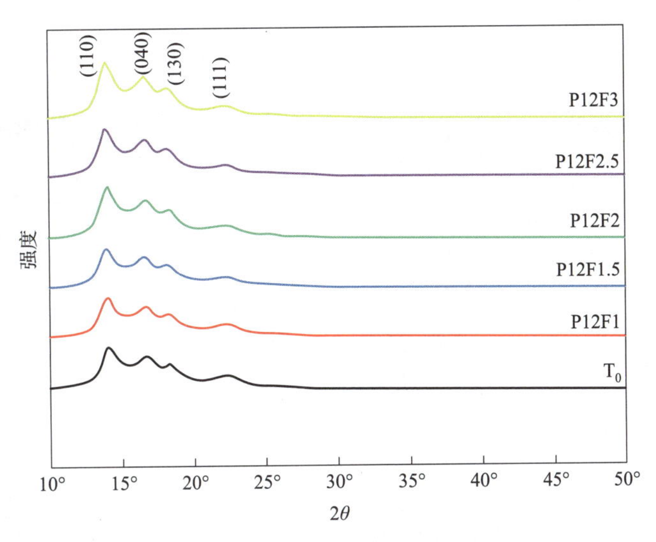

图 7-2　聚丙烯纤维电晕改性处理前后的 XRD 图谱

为了分析电晕改性处理前后聚丙烯纤维表面的分子结构和官能团变化，采用 Nexus 670 傅里叶红外光谱仪(美国 NICOLET 公司)对电晕改性处理前后的聚丙烯纤维进行红外光谱分析。图 7-3 是试样的红外光谱分析图，图 7-3(a)和图 7-3(b)分别为原样纤维和改性处理后的试样的红外图谱。由图可知，与原样纤维相比，改性后的试样在 1 702 cm^{-1} 和 3 334 cm^{-1} 处出现新的特征吸收峰，分别对应着 C ═O 的伸缩振动峰和—OH 的伸缩振动峰。这表明，经电晕改性处理后，聚丙烯纤维表面的 C—C 和 C—H 键发生了断裂，并与 O 原子发生了氧化反应，从而使纤维表面引入了含氧官能团，使其表面的吸附性和界面结合性增强。

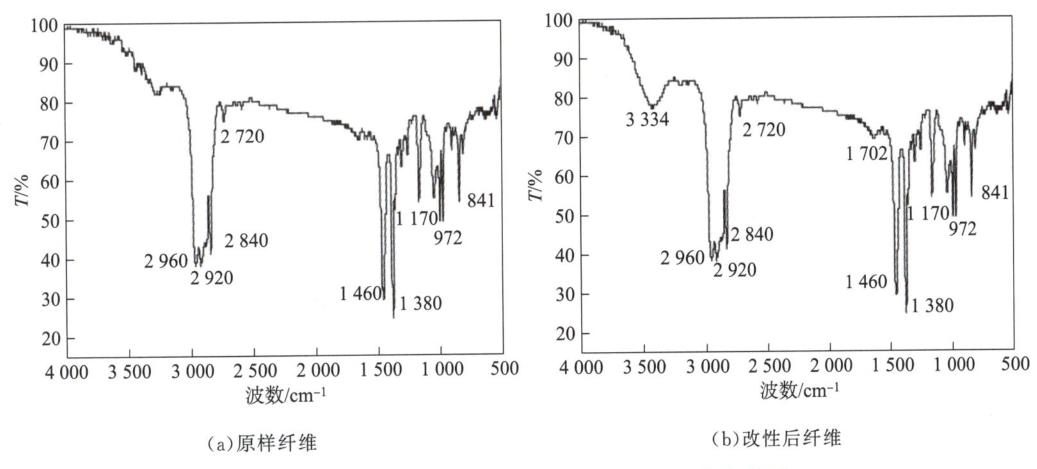

(a)原样纤维　　(b)改性后纤维

图 7-3　聚丙烯纤维电晕改性处理前后的红外光谱图

为了更加直观地研究分析电晕改性处理前后聚丙烯纤维表面的微观结构变化，采用

S-3400N 型扫描电子显微镜（日本日立公司）对改性前后的聚丙烯纤维试样的表面形貌进行观察。图 7-4 为 1.2 kW 电晕功率下不同电晕强度处理的试样的表面形貌。

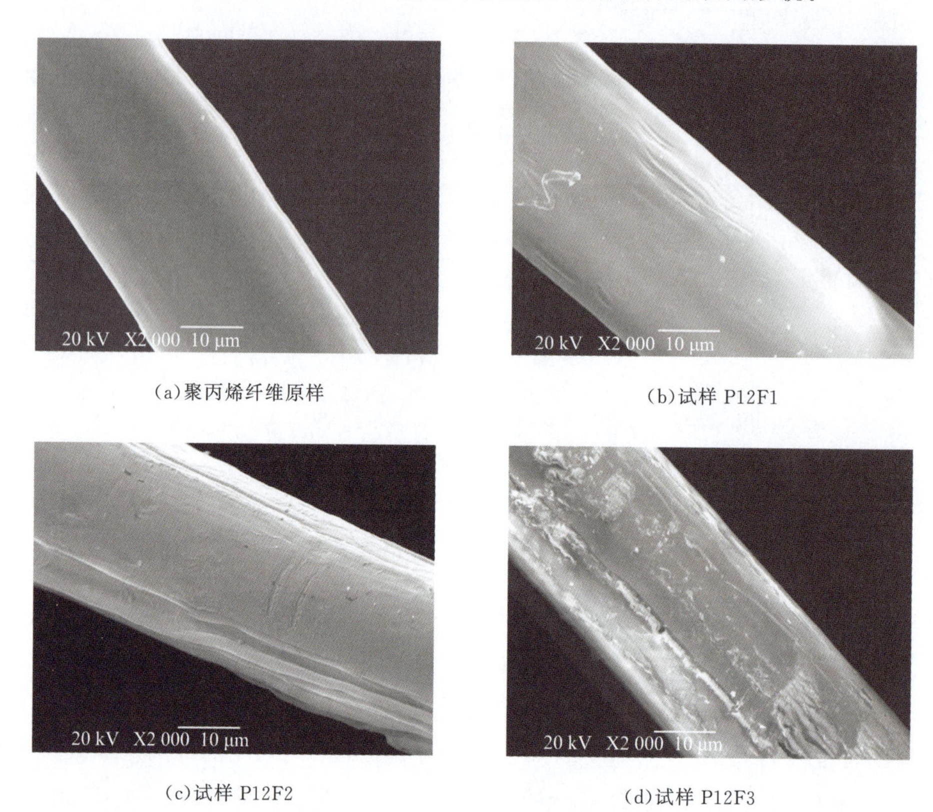

(a)聚丙烯纤维原样　(b)试样 P12F1

(c)试样 P12F2　(d)试样 P12F3

图 7-4　电晕功率 1.2 kW 下不同电晕强度处理的纤维表面形貌

由图 7-4 可知，图 7-4(a)的原样聚丙烯纤维表面光滑、无褶皱，也没有明显的凹坑和沟壑；图 7-4(b)是强度因数为 1 时的形貌，低温等离子使聚丙烯表面发生局部“热塑”，结合图 7-2 中 P12F1 的 XRD 光谱，发现表面非晶区域增加并不明显；图 7-4(c)是强度因数为 2 时的形貌，聚丙烯表面被低温等离子弧轰击后，表面趋于均匀粗糙，结合图 7-2 中 P12F2 的 XRD 光谱，表明表面活性非晶基团非晶化程度和密度增加；图 7-4(d)是强度因数为 3 时的形貌，聚丙烯的表面出现了明显的凹凸不平，凹坑和沟壑迅速增加，纤维表面粗糙度达到最大，已不再适合作为复相介质的基体。从总体上看，随着电晕次数的增加，能量增加，电晕产生的高能粒子轰击纤维表面引起高分子键的断裂，由此产生的自由基和不饱和中心与空气电晕过程产生的氧发生氧化反应，在纤维表面形成羰基及羟基等活性官能团，其中 7-4(c)为较为理想的复相介质衬底，此时对应的电晕改性工艺参数为功率为 1.2 kW、强度因数为 2。

图 7-5 为同一高强电晕强度因数(电晕强度因数为 3)时不同电晕功率处理的试样的表面形貌。图 7-5(a)是原样聚丙烯纤维的表面形貌，图 7-5(b)为电晕功率 0.8 kW 处理后的试样，试样表面基本没有太大变化，也无新物质出现，而图 7-5(c)为在相同高强因数下电晕

功率 1.0 kW 处理后的试样，试样表面发生了刻蚀，形成了沟壑，对应的纤维表面粗糙度也在增加。当电晕功率进一步增加至 1.2 kW 后改性处理的试样形貌如图 7-5(d)所示，试样表面出现了发生了较为严重的刻蚀，形成大量沟壑，纤维表面发生了破坏，不再适合作为复相介质的基体。因此，图 7-5(c)是较为理想的复相介质衬底，此时对应的电晕改性工艺参数为功率 1.0 kW，强度因数为 3。

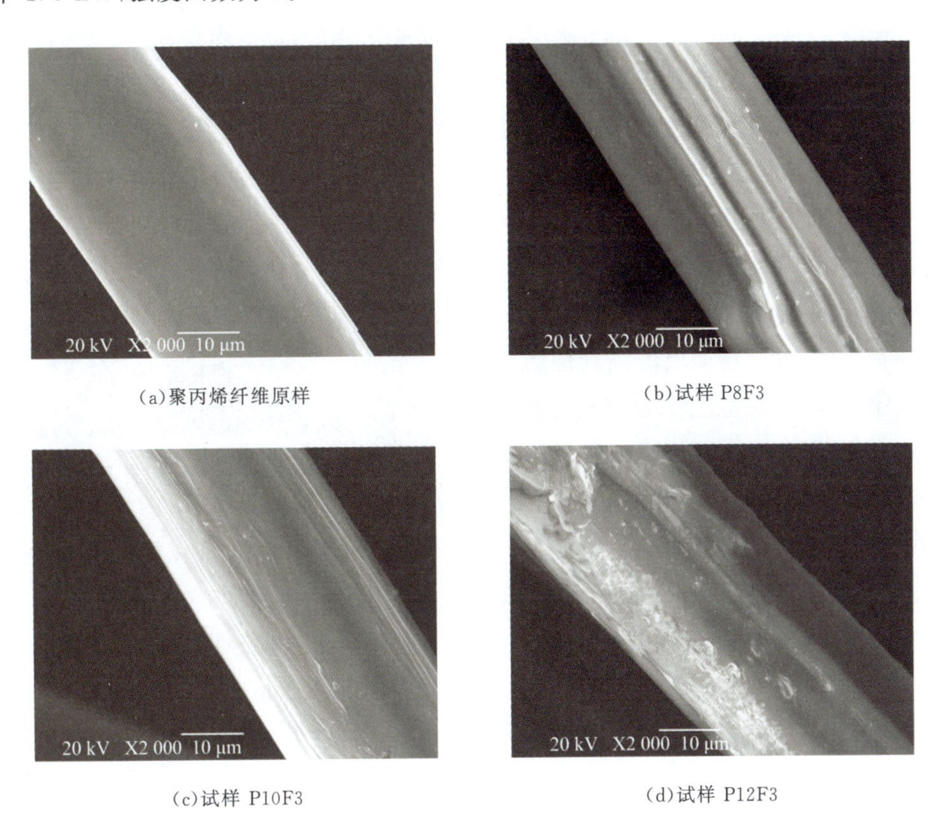

(a)聚丙烯纤维原样　　(b)试样 P8F3

(c)试样 P10F3　　(d)试样 P12F3

图 7-5　电晕强度因数为 3 时不同电晕功率处理前后的纤维表面形貌

通过以上分析可知：一定范围内，在电晕功率相同的情况下，电晕次数越多聚丙烯纤维表面的改性效果越明显；在电晕次数相同的情况下，电晕功率越大纤维表面的改性效果越明显。在具体的生产实践中，可以根据不同的工况条件来选择将功率或者次数作为主要影响因素。

7.1.4　纤维表面浸润性研究

电晕改性后聚丙烯纤维的表面粗糙度增加并引入了极性亲水官能团，更容易与水分子产生氢键缔结作用，使水分子吸附在纤维表面，提高了其表面润湿性和亲水性。为了分析电晕改性前后聚丙烯纤维表面的浸润性变化，采用了如图 7-6 所示的水液面爬升实验装置来进行实验。聚丙烯纤维试样一端用胶带固定于铁架台的支架上，另一端底部悬挂一个小重物将纤维拉直并浸入1%甲基蓝溶液中。水分在纤维表面毛细效应以及纤维表面极性官能团的作用下开始沿着纤维向上爬升，30 min后通过标记纤维表面的染色高度来记录其水分爬升高度，单位为厘米(cm)。

图7-7为经不同电晕处理的改性纤维的爬升高度曲线，等同于纤维的吸水曲线。前期实验得到，未经电晕改性处理的聚丙烯纤维的吸水高度是4.6 cm。由图可知，经电晕改性处理的纤维吸水性能呈明显的递增趋势，最高吸水高度可达9.3 cm，吸水量约为未改性纤维吸水量的两倍。随着电晕功率的增加，聚丙烯纤维的表面浸润性随之增加，水分爬升高度不断增加；随着电晕强度因数的增加，聚丙烯纤维的表面浸润性也随之增加，水分爬升高度也呈现出不断升高的趋势。因此，电晕改性能明显增加聚丙烯纤维表面的水分浸润性，其浸润性机理比较复杂，既有物理吸附又有化学吸附。初步推断，电晕改性后纤维表面结构发生了明显变化，由于存在等离子体对纤维产生电晕作用，纤维表面会被等离子体刻蚀形成较多细小沟槽，使得纤维表面变粗糙，进而使得纤维表面的毛细孔增多，对水分子的吸附力增强。另外，电晕改性还会在纤维表面产生活性官能团，等离子体轰击纤维表面会产生大量的羟基(—OH)、羧基(—COOH)等极性基团，会与水分子发生氢键缔结作用，从而进一步提高纤维的吸水性能。这也进一步验证了适合作为复相介质衬底的聚丙烯纤维表面的低温等离子体电晕改性工艺参数为：功率1.0 kW、强度因数3，或者功率1.2 kW、强度因数2。

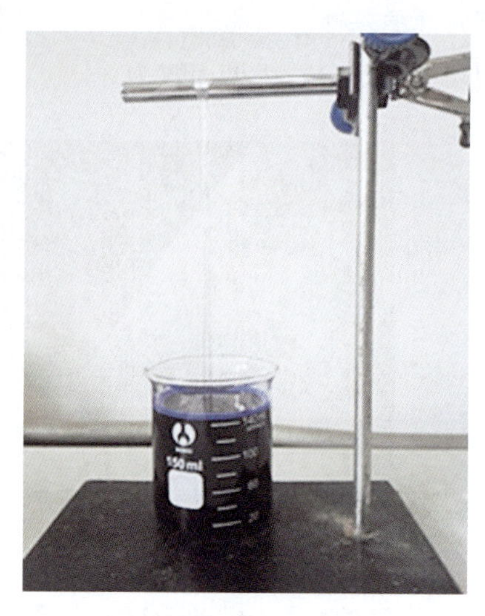

图7-6 水分爬升实验装置

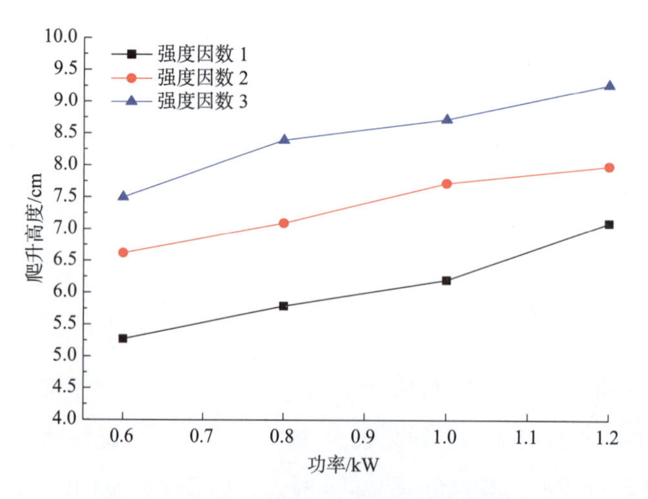

图7-7 电晕改性纤维的水分爬升高度曲线

7.1.5　改性聚丙烯纤维的流挂性分析

为了分析电晕改性处理对聚丙烯纤维表面吸附性能的影响，选用复相介质胶体溶液对改性纤维进行胶体流挂吸附实验，制备了聚丙烯酰胺与改性蒙脱土质量分数为 1∶4 且质量浓度为 24 g/L 的胶体溶液。图 7-8 为经不同电晕参数改性处理前后的聚丙烯纤维的增重率曲线。

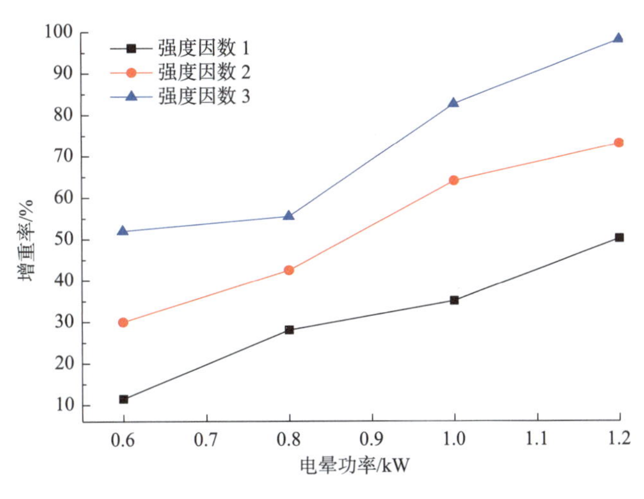

图 7-8　电晕改性纤维增重率曲线

由图 7-8 可知，随着电晕强度因数的增加，改性后纤维的吸附增重率随之增加；随着电晕功率的增加，改性纤维的吸附增重率也随之增加。这是由于电晕处理参数的增加使得改性后纤维表面单位面积内引入的羟基(—COOH)和羰基(—C ═O)数量也相应增加，从而纤维的表面自由能增大；电晕改性对纤维表面产生刻蚀，出现了许多细小沟壑，从而其表面粗糙度增加，从而提高了其表面吸附性能。该结果与图 7-7 的毛细管爬升实验取得的结果基本一致。这也进一步验证了适合作为复相介质衬底的聚丙烯纤维的电晕改性工艺参数为：功率 1.0 kW、强度因数 3，或者功率 1.2 kW、强度因数 2。

7.2　渗灌器 3D 打印制造工艺

对聚丙烯纤维进行了开松、梳理、电晕、浸涂、烘干等 5 道主要工序的处理而形成的复合涂层导水纤维，其主要工艺流程如图 7-9 所示。

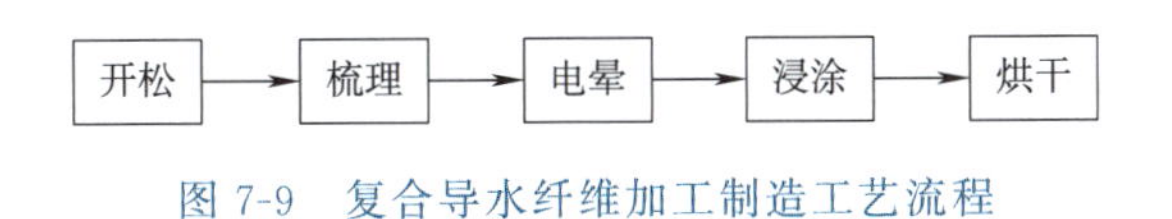

图 7-9　复合导水纤维加工制造工艺流程

3D 光固化快速成型(stereo lithography appearance,SLA)技术[125-127]是指用特定波长和强度的紫外光或激光辐射液态光固化树脂原料表面,使之按点、线、面的顺序进行顺序凝固,完成一个层面的固化后,移动升降台再进行下一个层面的固化,通过层层叠加固化最终制成三维实体成品。该技术能在几小时至几十小时内完成从三维模型设计到打印成型的过程,具有打印速度快、自动化程度高、精度高、技术成熟和可加工复杂结构零部件的特点。

渗灌器件是渗灌系统中最重要的关键结构部件,它的功能是在无需外加压力作用下,控制来自渗水管道的水流。水流经由渗水管流到渗水器件再通过复相介质涂层传导到植物根部土壤,需要一种性能良好的高精度渗水器件来控制渗水速度的大小。设计要求如下:

(1)渗灌器件的结构设计必须满足从渗水管流入的水以水分子“微流量”的形式渗入土壤中。工作水头一般为 7~15 m,过水流道直径一般在 0.3~2.0 mm,出水流量在 2~20 mL/h。

(2)复相介质导水纤维涂层的外表面要与光固化树脂具有浸润性。由于纤维涂层要牢固内嵌到渗水器件的内部,因此需要两者之间具备良好的浸润性。

(3)打印渗灌器件的光固化树脂及复相介质导水纤维要能够抵抗沙漠恶劣环境条件(地表温度可达 70 ℃、昼夜温差大、碱侵蚀等)。

(4)灌器件应具有足够的结构强度,且造价低,坚固耐用。渗灌器件的费用通常占到整个系统投资的 25%~30%,因此在满足使用性能的前提下,应严格控制成本。

7.2.1 渗灌器件结构设计

采用三维 CAD 软件 SolidWorks 对渗灌器件进行立体建模设计,对应的结构模型和剖面结构分别如图 7-10 和图 7-11 所示。渗灌器件主要由光固化树脂壳体和复合导水纤维构成,壳体内部设计有连通渗水管的导水通道和储水空腔,空腔壁内设有贯穿内外的复合导水纤维。渗水时,导水纤维一端与空腔内的水接触,另一端与空腔外的土壤接触,这样,渗灌器空腔内水分就可以通过复相介质涂层传到外部土壤中,实现自调节渗水速度的功能。

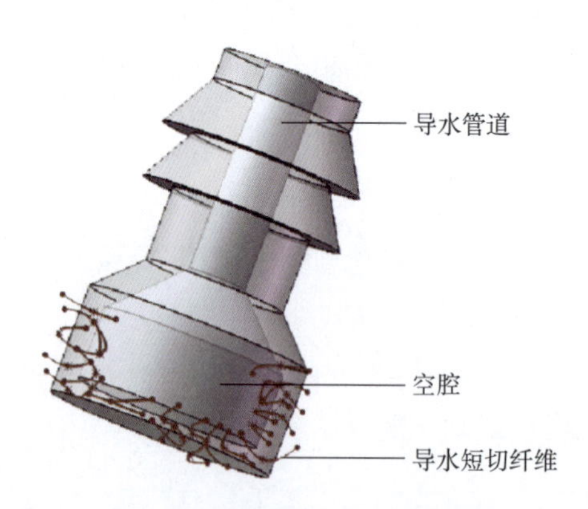

图 7-10 渗灌器件的结构模型

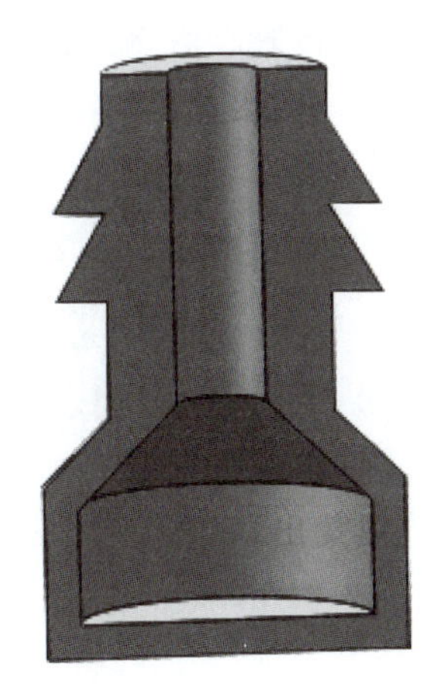

图 7-11 渗灌器件的剖面结构

7.2.2 导水纤维涂层与树脂的浸润化处理

导水纤维涂层(复相介质)外表面与树脂的浸润性,前人已做过相关研究。树脂的浸润性也是 3D 打印复相介质渗灌的关键。导水涂层表面为亲水界面,而树脂表面为憎水界面,如果导水涂层表面不进行憎水处理,将导致 3D 打印过程中其表面不能与树脂进行有效结合,形成沿导水涂层表面的孔洞,这将直接影响复相介质的导水均匀性、准确性和有效性。

复相介质—水体系中聚丙烯酰胺和蒙脱土均具有阴离子特征,由于阴离子表面活性剂在水中表面活性的部分呈负电荷,因此,选用阴离子表面活性剂对导水纤维涂层(复相介质)外表面进行修饰,一方面,对复相介质—水体系动态变化起静电支持配合作用;另一方面,使复相介质涂层表面具有憎水性质,实现该表面与树脂的有效浸润结合。

笔者专门配制了阴离子表面活性剂胶液,对导水纤维涂层表面进行修饰处理,修饰的方法是将制备好的复合导水纤维浸到该胶液中 25 s 后,取出烘干固化。这样不仅使涂层表面具有憎水特性,还对涂层起到了一定的固定保护作用,以防涂层脱落。将修饰后的纤维进行短切,用于 3D 光固化打印成型。具体加工工艺流程如图 7-12 所示。

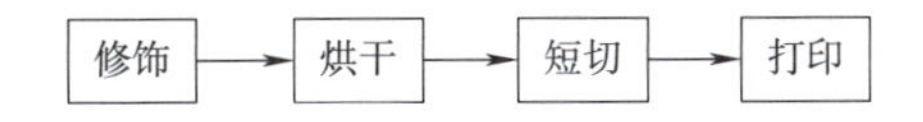

图 7-12 用于 3D 打印的导水纤维预处理工艺流程

对经不同配比的阴离子表面活性剂胶液修饰后的导水纤维进行浸润性试验,采用 XSP-9F 光学显微镜进行试验观察。图 7-13 为最佳配比的胶液修饰后的复合纤维与树脂之间的完全浸润过程图。由图可知,复合纤维和树脂刚接触时,两者之间分界线比较明显,此时尚未发生浸润[图 7-13(a)];随着时间的推移,两者之间在界面处开始发生浸润,且浸润的程度越来越大[图 7-13(b)～图 7-13(e)],直到最后完全浸润[图 7-13(f)]。由图 7-13 可知,经阴离子表面活性剂修饰后的纤维涂层表面与树脂具有良好的浸润性，树脂沿涂层表面实现了完全浸润，未形成非结合区域。

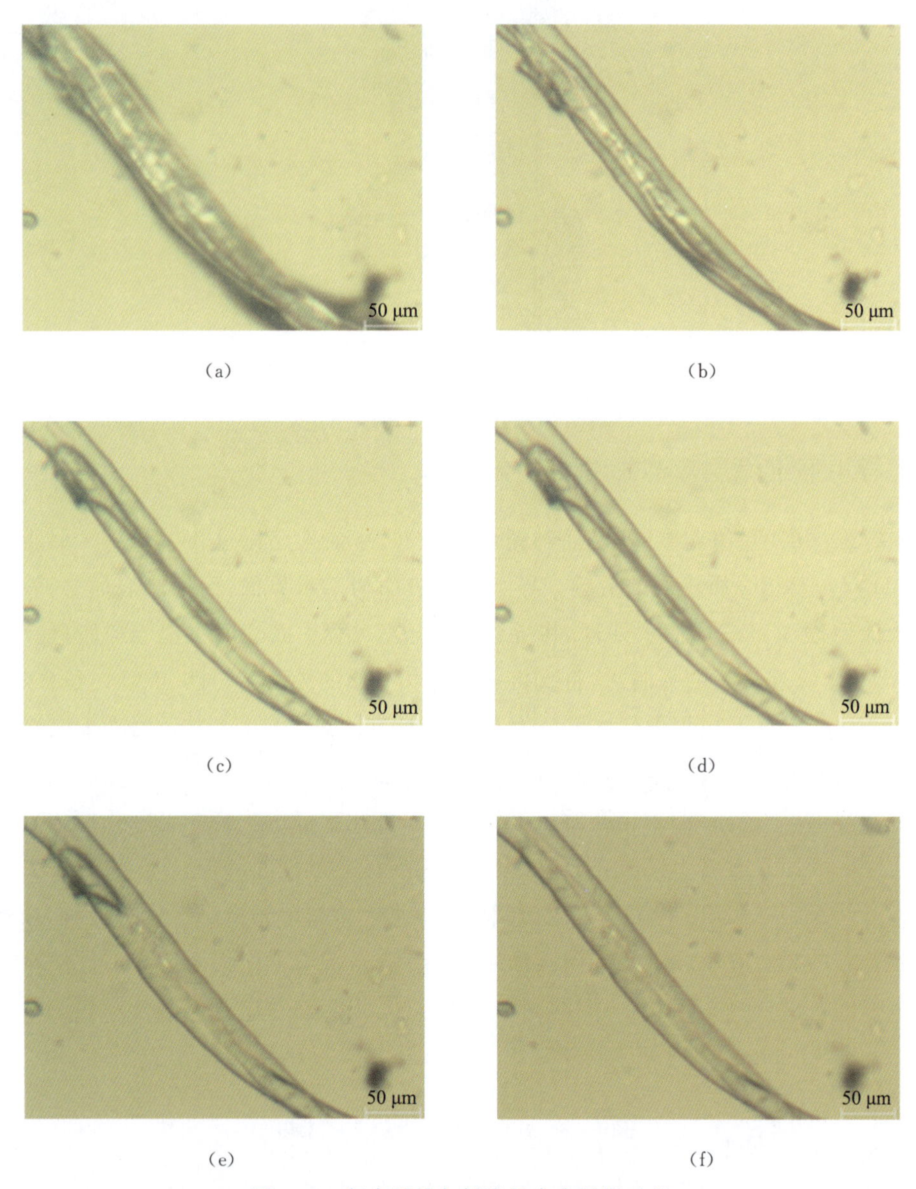

图 7-13　复合纤维与树脂的完全浸润过程

图 7-14 是复合纤维与树脂浸润后的导水性直观实验观察图。将复合导水纤维与树脂浸润的复合体置于光学显微镜下，在纤维一侧滴入少量红颜色的试剂水，显微镜下可观察到复合纤维具有传导电解质(颜料)水的能力。由图 7-14 可以看到，纤维一侧滴入红颜料试剂水后，试剂水很快在复相介质作用下自发地沿纤维穿过复相介质，说明复相介质具有有效的水传导能力。

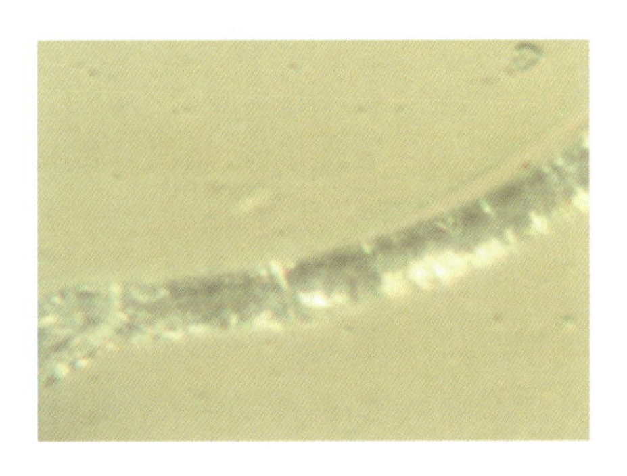

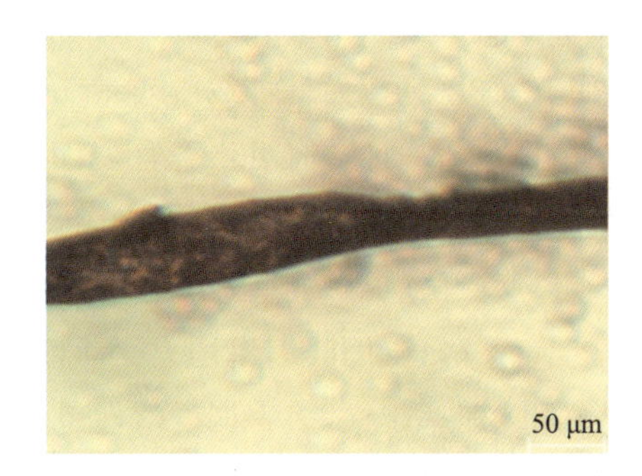

(a)导水前复合纤维与树脂基体完全浸润

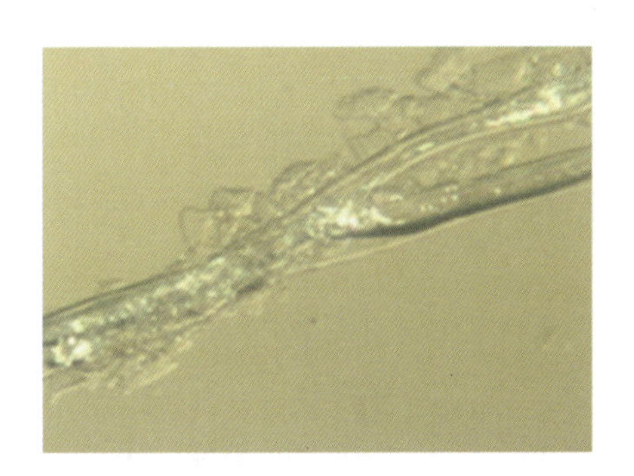

(b)纤维复合体一端加水后表现强导水性

图 7-14　复合纤维与树脂浸润后的导水行为直观图

7.2.3　渗灌器 3D 打印的光固化混合液

光固化树脂一般由预聚体、光引发剂、活性稀释剂和助剂[128]四部分组成。

预聚体作为光固化树脂的主体对固化后的成型件起骨架作用，在光固化树脂体系中质量分数≥40%。预聚体作为一种含有不饱和多官能团的低聚物，末端含有不饱和双键和环氧基团等可聚合的活性基团，在光引发剂作用下，分子量增大极快地发生聚合而固化为固体。预聚体影响到液态树脂的黏度，固化后强度、硬度、固化速度以及固化收缩率等光固化树脂的加工性能和成型件的物化性能。一般情况下，预聚体相对分子量越大，固化体积收缩率越小，固化速度也越快；但相对分子量大，黏度升高，需要更多的单体稀释剂以保持较好的流动性。目前应用较多的预聚体有聚氨酯丙烯酸酯、环氧丙烯酸酯、聚醚丙烯酸酯、不饱和聚酯、氨基丙烯酸酯和乙烯基醚类等。

光引发剂是光固化树脂体系的关键，决定着光固化树脂的固化程度和速度，在光固化树脂体系中质量分数≤10%。光引发剂是激发光固化树脂交联反应的基团，受到特定波长的紫外光或者激光照射会发生化学分解，产生自由基或活性离子，导致预聚体中的双键断裂或环氧开环，引发聚合交联固化。根据引发机理不同光引发剂可分为自由基型和阳离子型两类。自由基型光引发剂主要有安息香类、苯乙酮类、香豆酮类和苯甲酮类等。阳离子型光引发剂主要有芳香重氮盐类、铁芳烃盐类、二芳基鎓盐类等。

活性稀释剂是一种含有可聚合官能团(不饱和双键)的功能性单体,用以降低光固化树脂的黏度和控制固化物交联密度,在光固化树脂体系中质量分数为20%~40%。若稀释剂含量较低,树脂凝固收缩率就较小,液态黏度较大,不利于树脂流平;若稀释剂含量较高,液态树脂黏度就下降,凝固收缩率增大。活性稀释剂分为单官能度、双官能度和多官能度。官能度越大,固化速率越快,多官能度活性单体更易形成交联网络,脆性也越大。3D打印成型工艺要求光固化树脂具有较快的固化速率,因此稀释剂通常为高活性稀释剂,如丙烯酸酯类、乙烯基醚类等。

助剂是用来改善光固化树脂的性能,在光固化树脂体系中质量分数为0.5%~1.0%。助剂有光敏剂、流平剂、消光剂、阻聚剂和填料等,其中最主要的光敏剂是用来增强液态树脂对光的敏感度,以提高吸收能量而产生固化反应。常用的助剂有甲基乙烯基酮、二苯甲酮、荧光素等。

在光固化过程中,处于基态的光敏引发剂(photoinitiator,PI)被光源(特定波长的紫外光或激光)辐照时吸收能量,变成了激发态 P^*,产生了自由基或阳离子。自由基或阳离子使单体和活性预聚体活化,从而发生连锁交联反应生成了网状高分子固化物。由于预聚体和稀释剂分子一般都含有两个以上的可聚合双键或环氧基团,因此聚合得到了交联的体型结构固化物,反应过程可以表示如下[129]:

$$\text{PI(光敏引发剂)}\xrightarrow[\text{或激光}]{\text{紫外光}} P^*\text{(活性种)}$$

$$\text{预聚体}+\text{单体}\xrightarrow{P^*}\text{交联高分子固体}$$

本书采用的光固化混合液树脂主要性能参数见表7-2。

表7-2 光固化混合液树脂主要性能参数

项目	密度/($g\cdot mL^{-1}$)	黏度/($cPa\cdot s$)	临界曝光量/($mJ\cdot cm^{-2}$)	固化厚度/mm	波长/nm	外观
指标描述	1.1±0.5	750±100	11	0.02~0.15	405	透明液体

在本书中,每个渗灌器件组装有10根导水纤维,在遮光条件下,将10根短切复合导水纤维与一定质量的光固化体系混合液在磁力搅拌器的作用下进行分散和搅拌。然后进一步做超声波分散处理,利用超声的空化效应,促使涂层表面与光固化树脂充分浸润。分散处理过程中光固化树脂体系会有气泡生成,需要进行消泡处理,利用真空干燥箱将混合液抽真空1 h,最终制备出3D打印渗灌器的光固化混合液。

7.2.4　渗灌器 3D 打印成型

1. CAD 模型的数据转换

利用 STL 接口将各类 CAD 文件转换成光固化成型系统能识别的 STL 格式标准文件。转换过程是三维模型的面化处理过程，如图 7-15 所示。在 STL 文件中，三维 CAD 模型被面化处理并离散成大量的小三角形平面，用一系列小三角形平面来逼近渗灌器的自由曲面，选择不同大小和数量的三角形就能得到不同曲面的近似精度，小三角形平面数量越多，STL 模型越接近原三维 CAD 模型，打印精度也越高。

(a)网格数量较小的模型参数

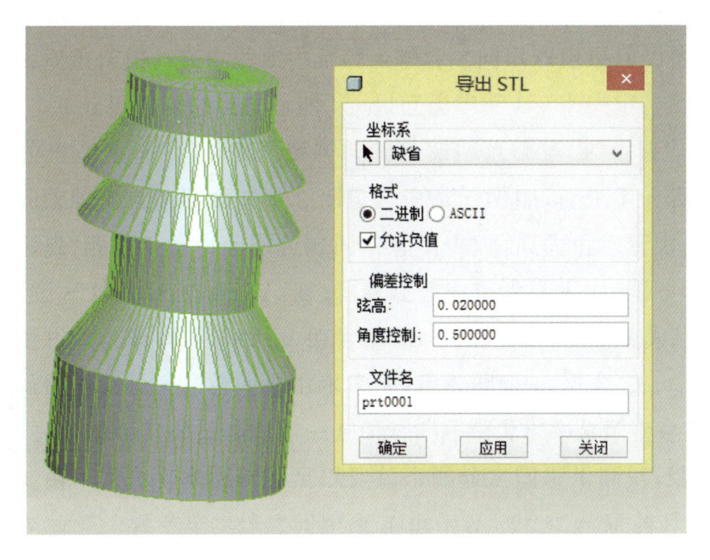

(b)网格数量较大的模型参数

图 7-15　渗灌器件的三角平面化离散模型

成型前在三维模型上用切片软件沿成型高度方向（z 轴）进行切片处理，以便提取截面轮廓，将数据模型按照加工条件离散成一系列截面薄切片，渗灌器选取的分层参数为切片厚度 0.1 mm、扫描速度 2 000 mm/s。

2. 3D 打印

利用 SL300 型 3D 打印机进行渗灌器打印成型。3D 打印成型机理如图 7-16 所示，首先利用中控系统将工作台托板向下运动到液面下一个分层厚度的位置，然后控制系统接受分层参数指令，使激光光束沿着 x-y 平面在光固化树脂液面上进行扫描，被扫的树脂液面发生聚合固化而黏附于工作台，形成渗灌器横截面轮廓层膜。每固化一层工作台下降一个分层厚度，激光束再扫描新的一层液态树脂使其固化，依次逐层扫描固化，逐层增长，从而打印出完整的渗灌器实体零件。

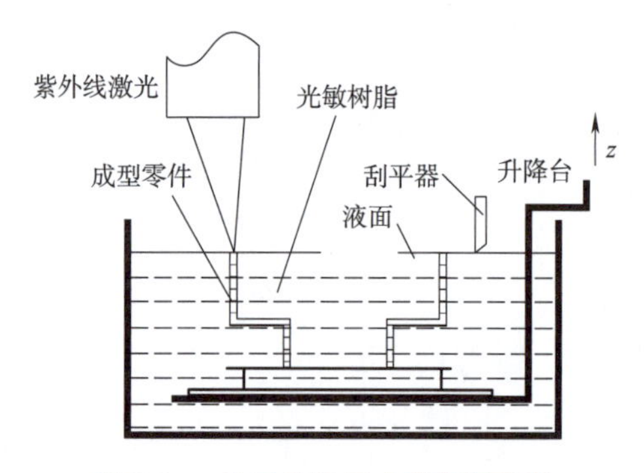

图 7-16 光固化快速成型原理示意

加工成型结束后，从工作台上取下渗灌器实体，用工具将支撑部件与成型零件剥离，并在酒精中清洗渗灌器表面和内腔，之后置于 40 ℃烘箱中烘干。本书选用了长度为 5 mm 的短切纤维进行了 3D 打印成型，如图 7-17 所示。

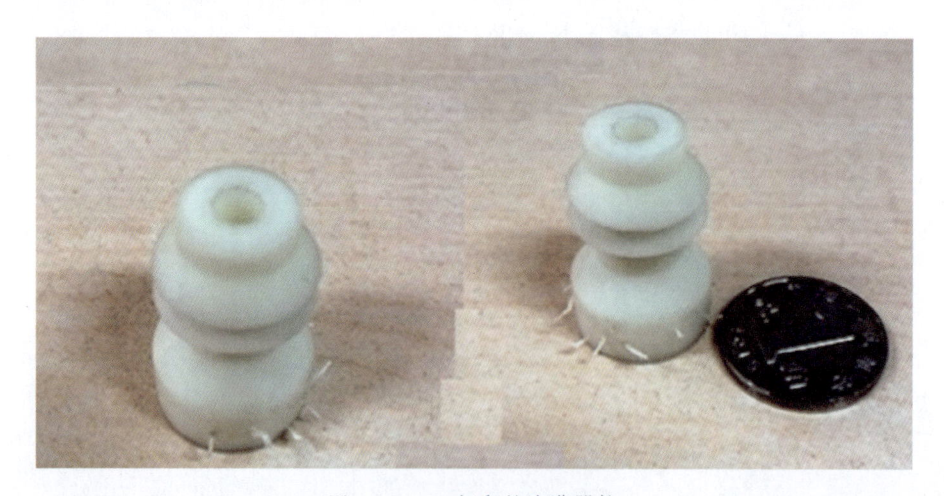

图 7-17 3D 打印的渗灌器件

本章设计了一种不同于以往采用蓄水渗膜“芯片”渗水的方法，采用 3D 打印方法制作了渗灌器。论述了该方法的加工工艺和制作流程，包括纤维支撑体表面低温等离子加工、复合导水纤维表面修饰与生产、3D 打印光固化树脂复合液配制、3D 打印成型工艺，最终得到了新型的用于复相介质水分传导的渗灌器件，为后续渗水实验和分析打下了基础。

第8章 复相介质自调节土壤湿度的特性研究

复相介质—水体系在沿着导水纤维的水势梯度差作用下可将水分“微流”化并传递到土壤之中，多根纤维的这种“微流”水会使土壤空间的水分分布相较于传统的“孔式”渗灌有很大的区别。由于导水纤维出水口的蒙脱土颗粒表面水分状态决定了“微流”水传递到土壤表面后呈现出的水分吸附态，土壤湿度增加，含氧量却变化不大，这种渗水模式可使土壤达到最佳含水率，高于或低于这一含水率复相介质都会在水势梯度的作用下自调节其结构以减慢或加快渗水速度。对于这一理论结构动力学，本章通过基于土壤的实际动力学实验来进行分析研究。

8.1 基于土壤的实验室渗水实验

8.1.1 渗水实验设计

在实验室搭建了自制的渗水试验平台，试验所用土样采集自内蒙古干旱区现场的沙土。平台的主要仪器构成有：烧杯、长导水管、先前制备的分子渗灌导水器件以及人工气候箱等。导水试验装置示意图如图8-1所示，将其置于设定温度的人工气候箱中进行试验。为了使实验环境与干旱区现场的气候环境更贴合，整个实验过程中将试验平台放置于设定温度(25 ℃)的人工气候箱中进行测试。渗灌器件中的导水材料由复相介质与10根纤维复合而成。

如图8-1所示，烧杯中装满沙土，将制备好的渗灌器件组装在20 cm长的导水管底部，然后埋置于沙土中。开始时每隔2 h记录一次导水管中液面下降高度，后面每隔8 h记录一次。沙土的湿度计算采用烘干失重法：取每个渗水时间点的小部分沙土，在105 ℃下烘干，记录其烘干前的质量 m_1 和烘干后的质量 m_2，实验定义沙土湿度 α 的计算公式为

$$\alpha=\frac{m_1-m_2}{m_2}\times 100\%$$

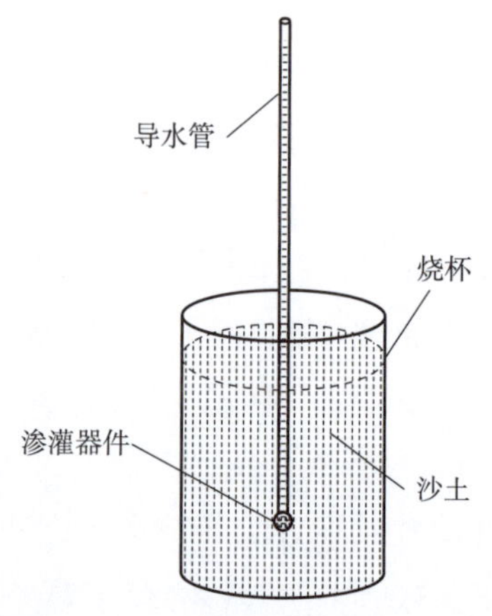

图8-1 渗灌渗水实验示意

8.1.2　渗水实验结果

图 8-2 和图 8-3 分别为渗水过程中导水管液面下降高度变化曲线和沙土湿度变化曲线。由图 8-2 可以看出，在渗水的前 8 h 内，导水管内水液面下降速度较为缓慢，对应的渗水速度也较小；8 h 后，液面下降速度开始加快，此时渗水速度也相应增大；随着渗水过程的继续进行，液面下降速度开始逐渐减慢，对应的渗水速度减小，直到最后液面高度稳定不再变化。由图 8-3 可以看出，沙土湿度随着渗水时间的增加而增加，增加速度呈现出“慢—快—慢”变化过程，直到最后沙土湿度达到稳定值不再变化，该变化过程与图 8-2 中的液面下降的变化趋势一致。

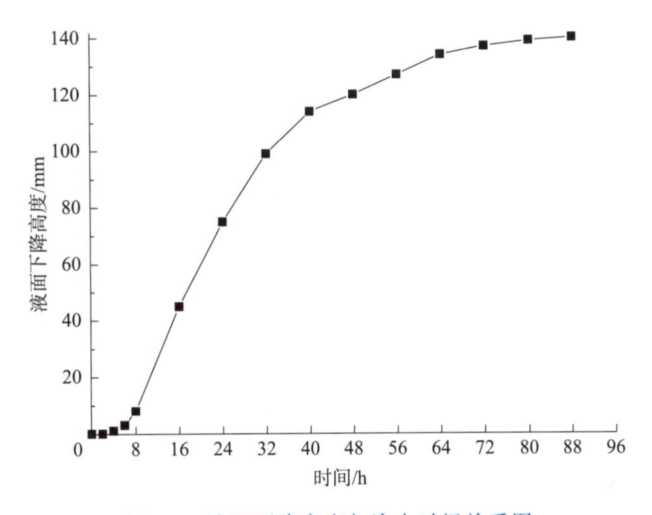

图 8-2　液面下降高度与渗水时间关系图

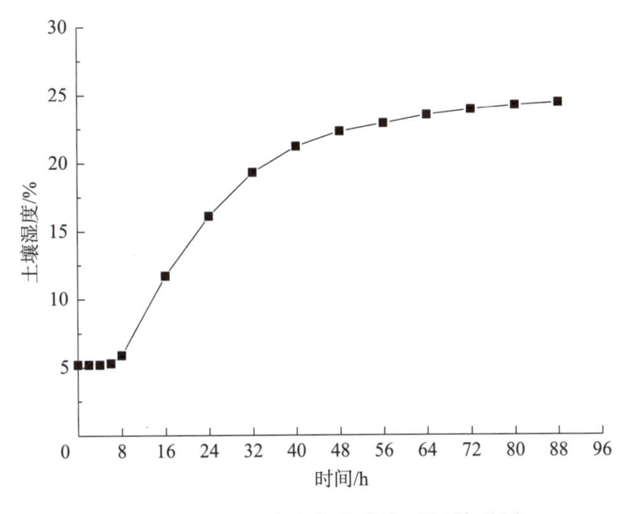

图 8-3　土壤湿度变化与渗水时间关系图

8.2 基于土壤的渗灌器件渗水数学模型

在渗灌器件中，复合导水纤维是其实现自动态导水功能的关键核心，对应的水分传导示意图如图8-4所示。复合导水纤维的一端与器件内的100％水源点接触，此端为高水势端；另一端与外界土壤接触，此端为低水势端。因此在渗灌器件内外两侧存在水势梯度差。由于渗灌器件的壳壁是不透水的，所以在壁内外水势梯度差的作用下，水将从处于高水势状态的壁内经由复合导水纤维沿着纤维方向自发传导到处于低水势的壁外土壤中。

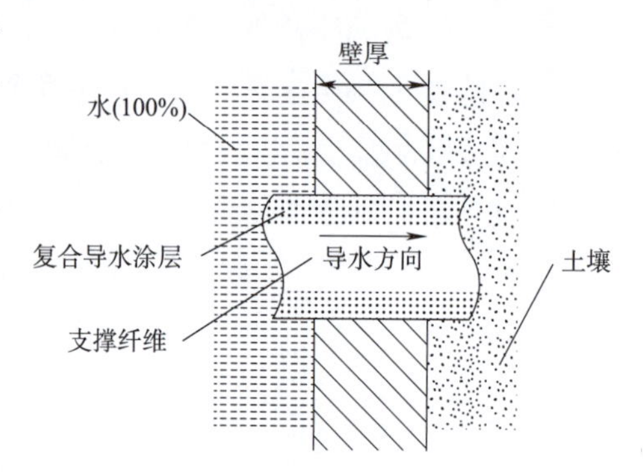

图8-4 复合导水纤维的水分传导示意

由于渗灌器件内外存在水势差，因此沿着导水涂层纤维长度方向，涂层材料内部也会形成水势差，如图8-5所示，这是水分在导水涂层纤维中进行自发传导的化学驱动力。

渗灌器件的渗水过程可看作是一个负反馈系统，基于此建立了渗水过程的数学模型，如图8-6所示。以水源为输入$R(s)$（s为拉普拉斯变换后的复频域变量），通过复相介质涂层的吸水作用，可用$G_1(s)$表示吸水模型；$C(s)$表示复相介质涂层中的含水量，涂层纤维吸附的水分经过渗水过程；$G_2(s)$表示水分渗水传导模型；最后渗入到干旱土壤中，表现为土壤含水率$M(s)$（作为输出）的变化，同时土壤含水量作为“反馈信息”又反向影响到水分传到土壤中的速度，此过程模型用$H(s)$表示。

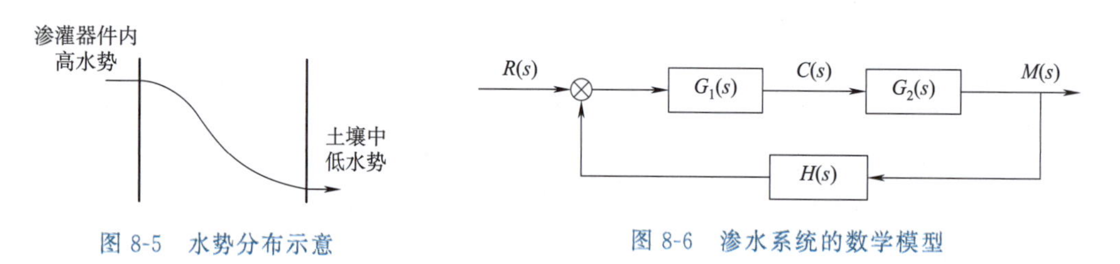

图8-5 水势分布示意　　图8-6 渗水系统的数学模型

由经典的控制理论得

$$\Phi(s)=\frac{G(s)}{1+G(s)H(s)} \tag{8-1}$$

式中，$G(s)=G_1(s)G_2(s)$。

要求解渗水传递函数$\Phi(s)$，需要已知输入值和输出值。由于传递函数要求为零初始条件，因此将输入值设为高水势一端的含水量$R(t)$，输出值设为低水势端干旱土壤含水量的变化值$[M(t)-M_0]$。

渗灌器的渗水过程是水分从器件内部高水势一端沿着复合导水纤维自发地向土壤低水势一端传导的过程，其中高水势一端始终通过渗灌管道与外界水源连通，含水量 $C(s)$ 为 100%，因此将高水势端含水量作为输入端，如图 8-7 所示，对应的输入值用单位阶跃函数表示为

$$C(s)=\begin{cases}1 & 当\ s\geqslant 0\\ 0 & 当\ s<0\end{cases} \tag{8-2}$$

式中，$s<0$ 表示渗水尚未开始；$s\geqslant 0$ 表示渗水开始及后续的渗水过程，对应的 $C(s)=1$ 表明高水势端的含水量为一个固定值 100%，与时间无关。

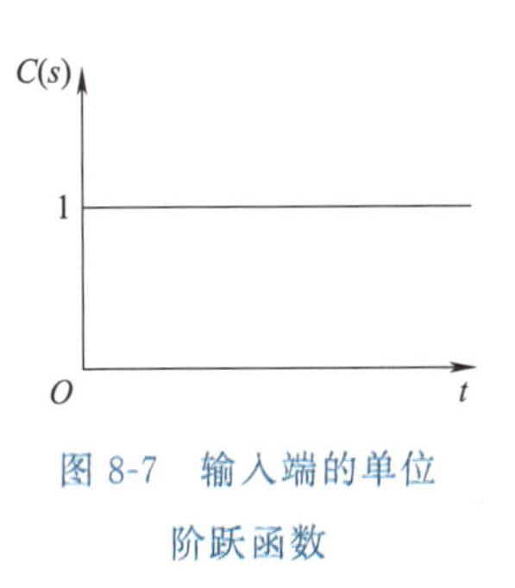

图 8-7　输入端的单位阶跃函数

采用 MATLAB 软件求解传递函数的参数。先将试验数据导入到 MATLAB 的“workspace”中，输入“ident”命令调出“System Identification Tool”窗口，再将“workspace”中的输入数据和输出数据导入到窗口进行分析求解，结果如图 8-8 所示，最终得到复数域的渗灌器渗水传递函数为

$$\Phi(s)=19.12\times\frac{1-1.01s}{(1+17.23s)(1+3.85s)}\times \mathrm{e}^{-4.63s} \tag{8-3}$$

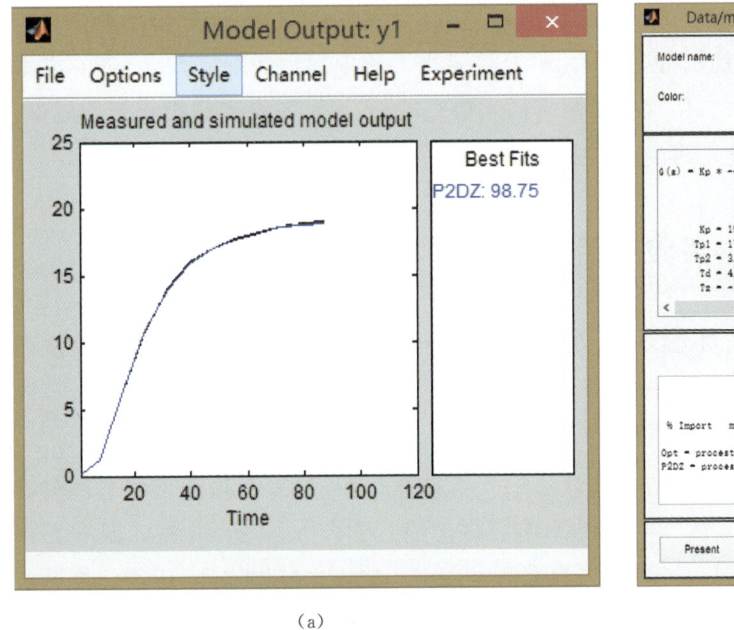

(a)

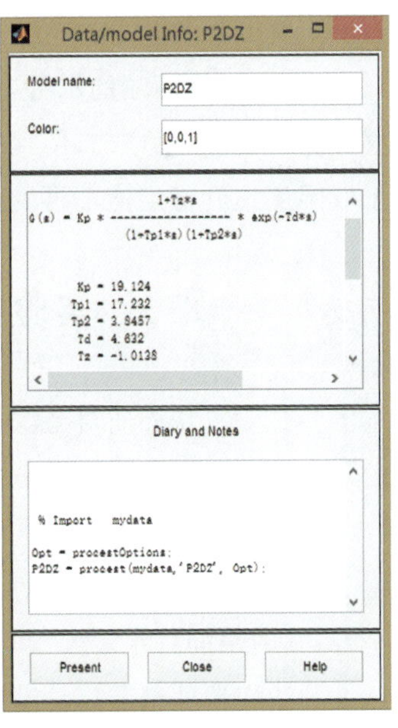

(b)

图 8-8　水传递函数 $\Phi(s)$ 的 MATLAB 求解结果

渗灌器渗水传递函数为复数域（s 域）中的系统数学模型，因此可通过拉普拉斯变换将复

数域的传递函数变换得到时域函数。由拉普拉斯反变换性质可知，时域函数是土壤含水量随渗水时间变化的指数函数，再结合初始土壤湿度值即可求得土壤湿度随渗水时间的变化曲线，图 8-9 所示为土壤湿度与渗水时间的理论函数曲线与实测数据点的对比图。

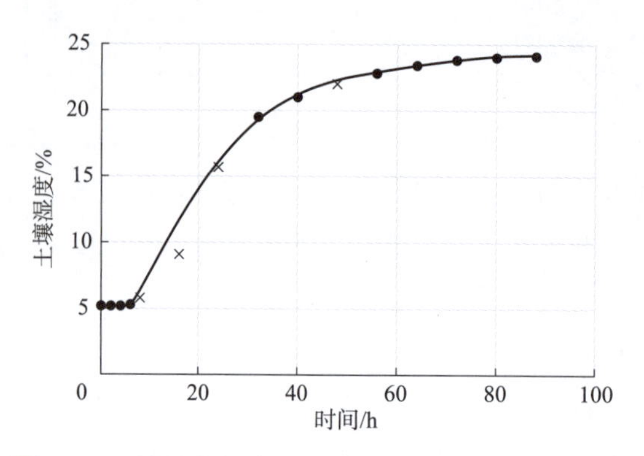

图 8-9　土壤湿度与渗水时间拟合函数曲线及实测值

由图 8-9 可知，渗水实测值与理论函数之间具有较好的拟合度，利用传递函数能较好地描述渗水过程中对应的实测值，从而验证了数学模型的正确性。在渗水的初始阶段(0～8 h)，液面高度下降比较缓慢，渗水速度较慢，土壤湿度基本保持不变，这个阶段主要是复相介质材料在吸附水分，传递函数用了 $e^{-4.63s}$ 延迟环节，很好地描述了这个过程；渗水 8 h 后，液面高度下降开始加快，对应的土壤湿度明显增加；当渗水 20～30 h 时，渗水速度达到了最大值，这时导水纤维两端的水势差较大，水分在导水纤维内部形成稳态传导；随着渗水时间的推移，土壤湿度继续增加，使得纤维两端的水势差减小，渗水速度受此影响开始减慢，直到最终土壤湿度达到稳定值不再变化。这样就实现了导水纤维的可控缓释水功能。

8.3　实验室自调节土壤湿度的实验研究

本实验是对复相介质对土壤湿度的自调节性能进行的研究。实验所用土样是从内蒙古采集的不同类型的三种土壤，分别为沙土、干旱土和荒山土。将土样在 105 ℃下烘干后备用。

由于渗灌系统中水的压力对复相介质的导水性能影响很小，因此在实验室自制了渗水实验平台，其中水的自重对渗水速度的影响可以忽略。如图 8-10 所示，将内嵌有复相介质涂层纤维的渗灌器件组装到渗灌管上，渗灌管一端与小型盛水容器连通(用阀门控制水源的连通与断开)，另一端垂直向下埋置到土样中。小型容器中盛有固定质量且充足的水。渗水前阀门是闭合的，渗水开始后打开连通阀门，水分就可以通过渗灌管经由渗灌器出水孔缓慢渗入到土壤中。

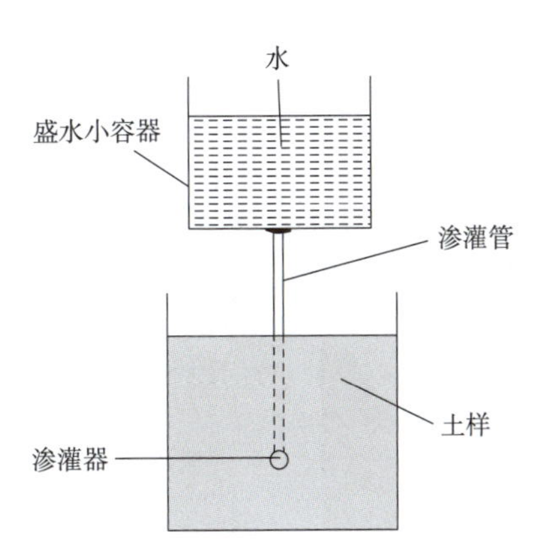

图 8-10　复相介质渗灌器渗水实验平台示意

整个实验过程在人工气候箱中进行。渗水 24 h 后停止渗水，测量并记录实验前后盛水容器中水的质量。通过渗水前后容器中水的质量变化，就可得到复相介质的渗水速度曲线（以水分失重率表征）。水分失重率

$$L=\frac{m_1-m_2}{m_1}\times 100\%$$

式中，m_1 为渗水前盛水容器中水的质量；m_2 为渗水后盛水容器中水的质量。

图 8-11 为复相介质渗灌器在不同温度和不同土壤湿度下的渗水率变化曲线（纤维数量为 10 根）。由图 8-11(a)的不同土壤温度—渗水曲线可知，随着土壤温度的增加，复相介质的渗水速度提高；相反，随着土壤温度的降低，复相介质的渗水速度随着降低。由图 8-11(b)～图 8-11(d)的不同土壤湿度下的渗水曲线可知，随着土壤湿度的增加，复相介质的渗水速度降低；相反，随着土壤湿度的减小，复相介质的渗水速度提高。由此可知，复相介质能根据环境温度和湿度的变化，自调节渗水速度，进而实现自调节土壤湿度的功能。

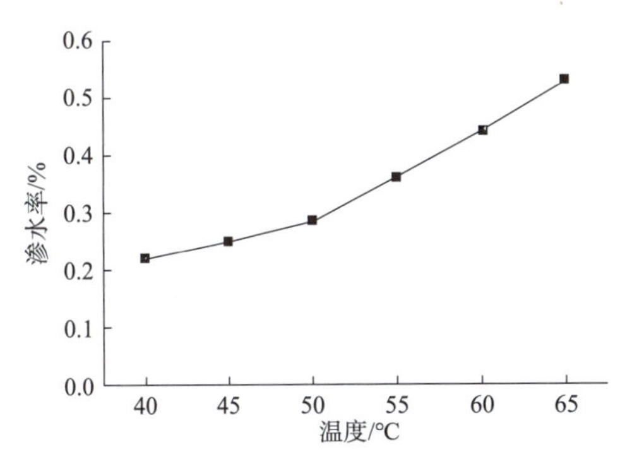

(a)渗水率随土壤温度的变化曲线(P1M4)

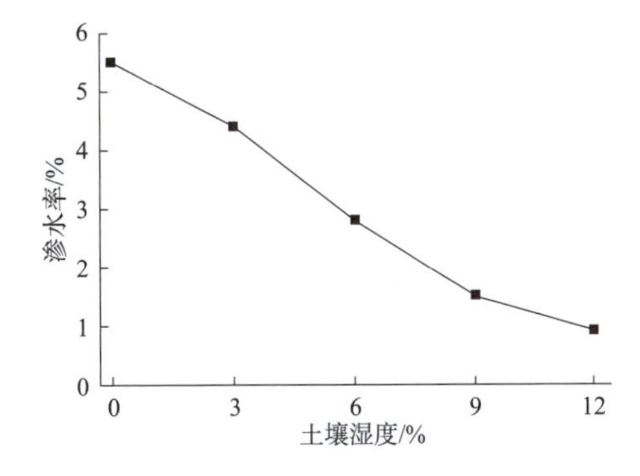

(b)渗水率随土壤湿度的变化(沙土)

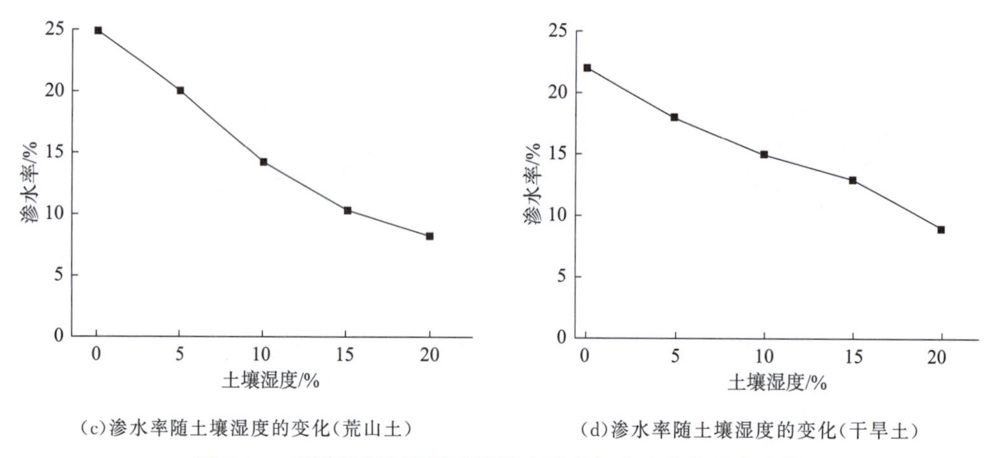

(c)渗水率随土壤湿度的变化(荒山土)　　(d)渗水率随土壤湿度的变化(干旱土)

图 8-11　不同温度和不同土壤湿度下复相介质的渗水率变化

图 8-12 为复相介质结构形貌沿复相介质长度 x 的含水率变化曲线，该曲线测定是在假设 x 无限长的条件下测得的。图中显微照片是对应相关 x 点处的复相介质的动态结构形貌。根据复相介质—水体系的热力学和动力学分析，含水率曲线可以看作水势曲线，即含水率越高，复相介质水势越高；含水率越低，复相介质水势越低。因此，复相介质成为水与土壤之间的传水介质，该传水介质具有一定的水势梯度，而水势梯度受到复相介质组成、复相介质导水长度 x、土壤构成和土壤湿度的影响。

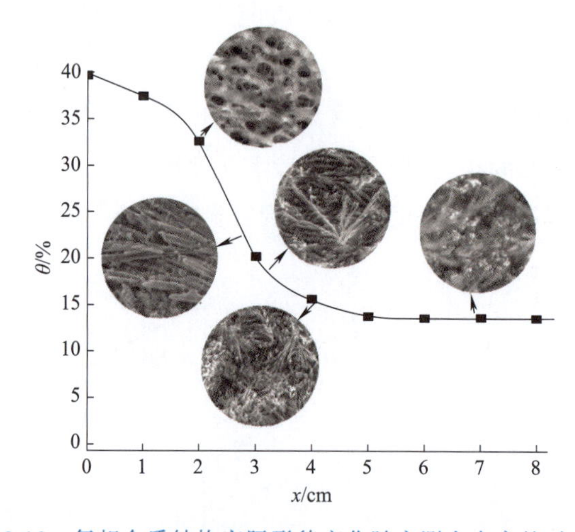

图 8-12　复相介质结构实际形貌变化随实测含水率的对应图

当复相介质配比一定、复相介质长度 x 一定、土壤构成一定时，复相介质—水体系沿导水方向上的水势梯度和与土壤接触的出水点的水势将基本确定，但沿 x 方向上的复相介质含水率分配将强烈地受到土壤湿度的影响。当土壤水势小于复相介质出水点的水势时，由于蒙脱土与土壤的相容性决定了复相介质沿 x 分布的低含水率位段将增加，而高含水率位段将减小，曲线溶胀峰左移；在微观动态结构上表现出蒙脱土颗粒“桥接”的成分增加，高含水率网络渗水的成分将减小，渗水速度加快。当土壤水势大于复相介质出水口的水势时，出水口处的聚丙烯酰胺溶胀，渗水速度减慢，而溶胀峰随着时间推移会右移。当土壤水势与复相介质出水口水势相等时，出水口的水势即研究要设计的土壤最佳水势。

从整体上看，沿导水纤维表面复相介质—水体系的水势梯度变化存在如图 8-13 所示关系。

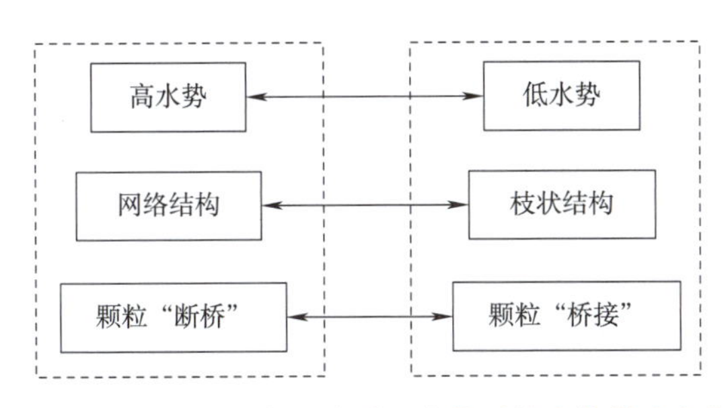

图 8-13　沿导水纤维表面复相介质—水体系的水势梯度变化总趋势

渗灌器内复相介质—水体系无论是处于饱和状态还是处于不饱和状态，只要没有与土壤接触，导水介质就不会自行渗水；只有与土壤发生接触，复相介质才有可能发生渗水。当土壤湿度低于复合导水纤维出水口所设定的最佳土壤湿度情况下，如果渗灌器件与土壤接触时复相介质接触点已达到高含水率状态，则出水口处的复相介质—水体系就会以高含水率条件下的脱水规律进行脱水；如果渗灌器与土壤接触时复相介质接触点处于低含水率状态，则出水口处的复相介质—水体系就会以低含水率条件下的脱水规律进行脱水。以上复相介质出水口的脱水结果均会使得“导水”蒙脱土颗粒发生“桥接”现象，从而沿导水纤维复相介质—水体系低含水率位段整体向导水反方向偏移，偏移量越大，渗水速度就越快。

当土壤湿度高于导水纤维出水口所设定的最佳土壤湿度情况下，如果渗灌器件与土壤接触时复相介质接触点已达到高含水率状态，此时只要土壤湿度低于该含水率，则出水口处的复相介质—水体系仍将以高含水率条件下的脱水规律进行脱水，若土壤湿度高于该含水率，导水纤维便会自行停止渗水；如果渗灌器件与土壤接触时复相介质接触点处于低含水率状态，且比土壤湿度还要低，则导水纤维也会自行停止渗水，若比土壤湿度高，则出水口处的复相介质—水体系就会以低含水率条件下的脱水规律进行脱水。以上复相介质出水口脱水的结果均使“导水”蒙脱土颗粒发生“桥接”现象，使得沿导水纤维长度方向上复相介质—水体系低含水率位段整体向导水反方向偏移，偏移量越大，渗水速度越快。若土壤湿度均高于出水口复相介质—水体系含水率，会导致沿导水纤维长度方向上复相介质—水体系高含水率位段整体向导水方向偏移，渗水速度减慢甚至趋于停止。

一般地，在荒漠化地区植树造林中，需要根据植物生长规律和土地条件，先确定保证植物成活的最佳土壤湿度，有了该最佳湿度，就可以通过复相介质的不同配比所产生的现场相关数据反过来确定复相介质的构成。在确定复相介质构成的基础上，就可以生产出与当地植物、土壤、气候、水文相匹配的复合导水纤维及其渗灌器件。

本章论述了复相介质水流体动力学研究用于实验室土壤的渗水实验。通过自行搭建土壤渗水实验平台，测定渗水率与时间的关系曲线，运用MATLAB软件建立的基于经典控制理论上的数学模型，与实测值取得较好的一致性，进一步证明结构动力学研究的正确性。通过对不同种类土壤和不同含水率土壤进行失水率测定，实验表明，复相介质具有自调节土壤湿度的作用。这一实测结论与前期结构动力学研究取得了一致的结果。

第9章 复相介质用于接种沙漠肉苁蓉

复相介质水流体渗灌可根据植物生长要求设计渗水率，渗水率可通过复相介质配比和纤维根数加以调整，这一准确渗水率的可设计性保证了树苗成活率的要求。肉苁蓉(cistanche deserticola)的接种对土壤水分的要求十分苛刻，本章为了验证本研究理论的正确性，选择利用复相介质研究肉苁蓉的接种，以此证明复相介质水流体渗灌的方法对渗水率的准确性。

9.1 名贵中药材肉苁蓉的接种难度

肉苁蓉是我国和蒙古国特有的名贵沙漠中药材，主要功能为补肾和通经络[130-131]。肉苁蓉主要分布在我国内蒙古、甘肃、新疆、青海和宁夏等沙漠地区，其中野生肉苁蓉和野生/人工梭梭林的生长分布超过了 33 333.33 km^2(5 000 万亩)，资源十分丰富。基于肉苁蓉的药用价值，市场对肉苁蓉需求量日趋增加。但是长期人为地过度采挖野生肉苁蓉，使得该中药物种近年来已处于贫乏状态，甚至濒临灭绝的边缘。这引起了政府和相关专家学者的关注，国家开始对野生资源进行保护，严格限制其开采量。在这种情况下，人工接种肉苁蓉就成为了当前的热点发展方向。

肉苁蓉是一种寄生在梭梭根部的细胞分裂性植物。梭梭是用于固沙的最有效植物之一。肉苁蓉实物如图 9-1 所示。在荒漠化原产地用微量水在梭梭根部接种肉苁蓉，对提高名贵中药经济效益、保护中药资源、促进防沙固沙事业发展都具有十分重要的意义。

(a)开花结籽的肉苁蓉

(b)寄生在梭梭根部肉苁蓉

图 9-1 肉苁蓉实物

人工接种肉苁蓉是一个难题[132-134]。一是每100粒肉苁蓉种子当年仅有不足5粒种子可自行脱离休眠期，剩余95粒以上种子处于休眠期，以保护物种延续；二是脱离休眠期的种子突出吸盘寄生于梭梭毛根的最佳土壤湿度是8%～12%，这是其他灌溉技术几乎难以控制的湿度范围；三是梭梭小于ϕ0.2 mm的毛根必须到达肉苁蓉种子吸盘长度(仅0.5～2 mm)的范围内才有可能接种成功；四是肉苁蓉种子周围土壤的含氧量越高接种效果越好，传统灌溉方法难以保证土壤持续性高含氧量和准确的土壤湿度范围。因此，目前传统人工接种肉苁蓉产量极低[135]。

9.2 复相介质渗灌接种肉苁蓉的技术

9.2.1 复相介质渗灌技术的优势

复相介质渗灌技术的优势主要体现在以下五个方面：

(1)将传统“孔式”渗灌用复合导水纤维分解成“多束式”细流，解决了渗灌堵塞问题。

(2)“束水＋导水”的复相介质渗流使自调节土壤湿度的范围加大，可以针对不同土地条件和苗木生长要求进行调整。

(3)复相介质渗流的准确性大幅提升，保证了对水分要求苛刻的植物需求。

(4)复相介质渗流属于微水释放，控制了湿度的合理空间，保证了土壤含氧量要求，缓解了局部盐渍化。

(5)复相介质的孔径尺寸在纳米至十几微米之间，对管道内的压力影响可忽略不计，不同渗点的渗水速度均一性比传统渗灌有大幅提升。

9.2.2 采用复相介质材料接种肉苁蓉的具体步骤

采用复相介质材料接种肉苁蓉的具体步骤如下：

(1)在距离梭梭苗30 cm的位置挖坑70 cm，将预先配备的“约100粒种子＋有机营养土”种子包放置于坑内，复相介质渗灌器对种子包掩埋，渗灌器上的毛管插接在灌溉支管上。

(2)将树行支管统一归接到主管上，主管再接到大桶盛水器中或者低压供水管道上。

(3)在实施灌溉前将树行支管尾端的排气阀打开，进行灌水排气，将主管所控的所有支管空气排净后关闭排空阀，开始供水。

9.3 现场接种肉苁蓉效果

9.3.1 现场渗灌系统的设计与布置

在荒漠化地区现场进行规模化渗灌造林，首先需要在现场规划和铺设渗灌管道。渗灌现场的管道设计简易示意图如图 9-2 所示，主要由水源、渗灌主管和渗灌支管三部分组成。

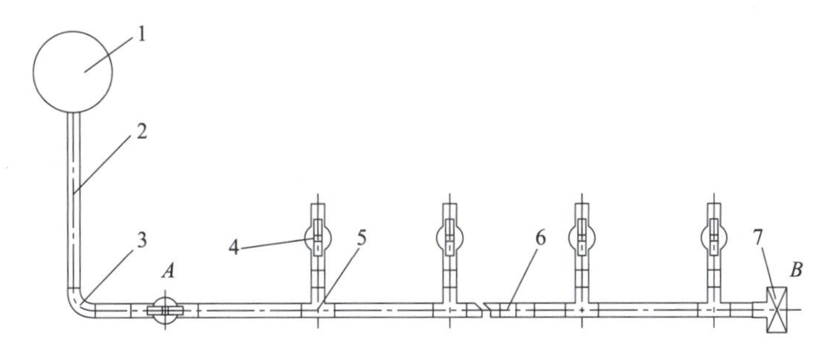

1—水源；2—PVC 管；3—管头；4—球阀；5—三通；6—活接头；7—管堵。

图 9-2　无压渗灌系统管道结构简易示意

现场实施具体操作分为以下三个步骤：

(1)第一步：水源的确定。在现场选择合理的地点打井并安装压力泵，把水从地下抽上来，然后直接连接到低压供水管道或者大桶盛水器中，如图 9-3 所示。当地形比较平坦且距离水源较近时，直接用管道进行供水；当地形高低不平且距离水源地很远时，采用大桶盛水器进行供水。

(a)泵房管道供水

(b)盛水器供水

图 9-3　两种供水方式

(2)第二步：渗水管道的设计和组装。根据实地地形和苗木之间的行间距，计算和确定主管道的长度，以及在主管道上接入支管道的位置和大小。然后组装渗灌管道主管、支管和渗灌器部件，根据地形布置管道。图 9-4 和图 9-5 为使用复相介质渗灌技术在不同地点进行规模化接种肉苁蓉的渗灌现场。

图 9-6 和图 9-7 为采用复相介质渗灌技术在寄主梭梭根部接种肉苁蓉的图片。现场操作时，在肉苁蓉寄主植物靠近根部位置挖两个坑，将肉苁蓉种子包放置坑内，再将组装有渗灌器的黑色的渗灌支管放入坑内，渗灌器出水孔向下距离种子包 2 cm，最后填半坑土，以提高种子包位点处的土壤温度。

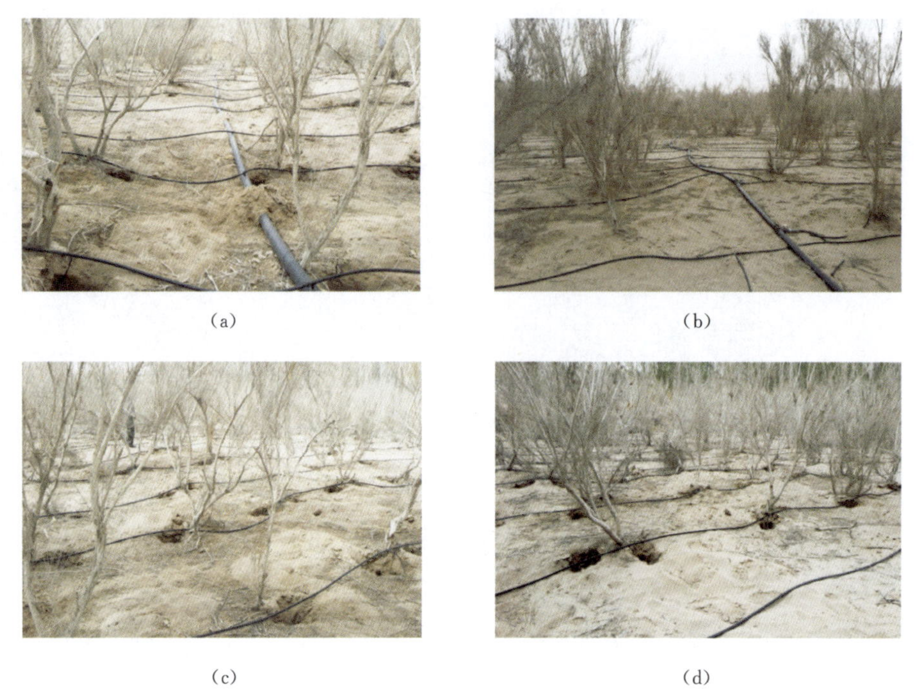

(a) (b) (c) (d)

图 9-4 采用复相介质灌溉技术规模化接种肉苁蓉渗灌现场(一)

(a) (b) (c) (d)

图 9-5 采用复相介质灌溉技术规模化接种肉苁蓉渗灌现场(二)

图 9-6　带有渗灌器的渗灌支管插入到苗木地下根部(一)

图 9-7　带有渗灌器的渗灌支管插入到苗木地下根部(二)

9.3.2　渗水斑点观察与分析

为了研究并掌握渗灌器的渗水速度情况,需要对渗水斑点分布和大小进行观察与分析。

渗水斑点观察方法:在现场随机选择多个测试点进行观察。在距离渗灌器渗水头约 3 cm 位置垂直向下设观察玻璃板,将该玻璃板安置在一个三面设挡沙板的木框结构中,深度大于渗灌器埋置深度。不观察的时候木框观察结构用盖子盖住,防止流沙进入观察木框之内。设置好观察孔后,后续试验可以通过玻璃挡板上渗水斑点的大小来观察分析渗水情况(图 9-8)。

(a)远距离

(b)近距离

图 9-8　渗灌观察孔的设置

经过后期对观察孔的观察和分析，总结出三种情况下的渗水斑点形态。

(1)第一种情况：当肉苁蓉接种位点土壤相对湿度 RH>12%时，3 个不同位点的渗水情况如图 9-9 所示。由于此时的土壤湿度高于渗水器设定的合理湿度范围，因此渗水器不渗水，因而 3 个位点处均没有渗水斑点出现。

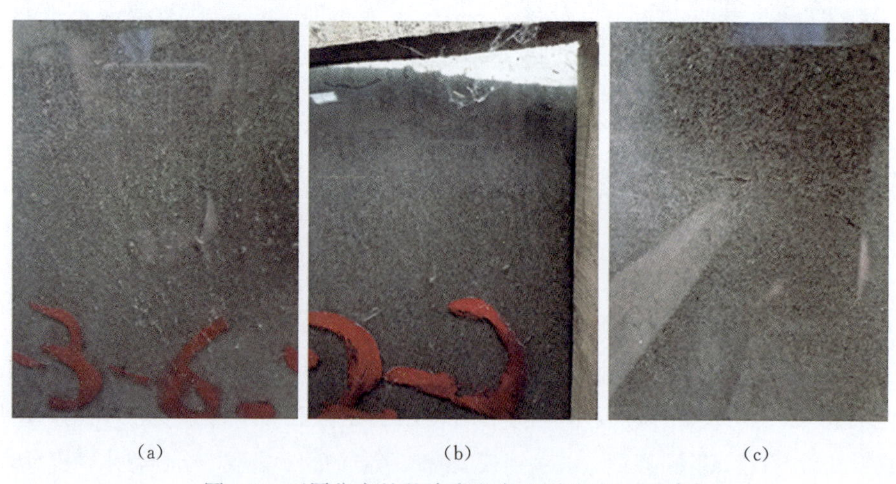

(a)　　(b)　　(c)

图 9-9　不同位点处的渗水斑点观测(RH>12%)

(2)第二种情况:当肉苁蓉接种位点的土壤相对湿度 RH 处于 8%～12%时,3 个不同位点处的渗水观察情况如图 9-10 所示。此时,土壤湿度处于渗水器设定的合理湿度范围内,土壤湿度趋于合理值,图中 3 个不同位点的湿度与合理土壤湿度趋于一致,渗水斑点属于扩散型。

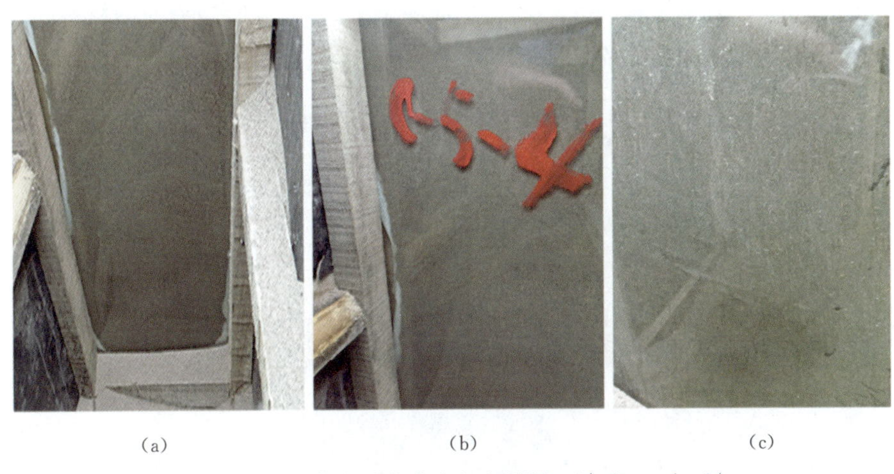

(a)　(b)　(c)

图 9-10　不同位点处的渗水斑点观测(8%≤RH≤12%)

(3)第三种情况:当肉苁蓉接种位点的土壤相对湿度 RH<8%时,此时土壤湿度低,因此渗水斑点明显。图 9-11 是三个不同位点的渗灌斑点图,可以看到不同位点的渗水斑点大小相差不大,不因管道上不同位点的压力不同而发生变化,渗水器渗水速度均一、稳定,对压力不敏感,进一步验证了复相介质具有自调节土壤湿度功能。

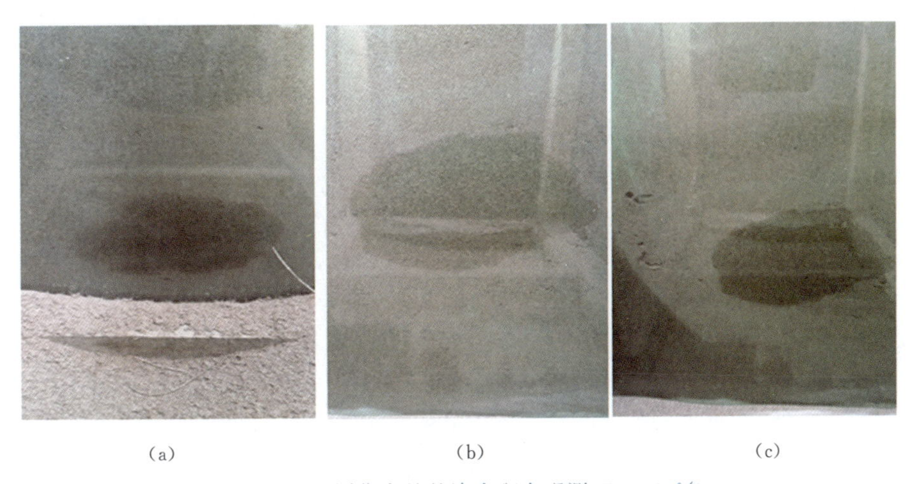

(a)　(b)　(c)

图 9-11　不同位点处的渗水斑点观测(RH<8%)

9.3.3　肉苁蓉接种率和生长量

采用复相介质渗灌技术来人工接种肉苁蓉,其接种率可达 90%,效果明显优于传统的接种方法。肉苁蓉种子从种子包埋置于梭梭根部到寄生接种长出小芽，这个过程需要大概3个月的时间，再到后续肉苁蓉茎部长粗长高到头部长出地表可以进行采挖这个过程需要1年的时间。

图9-12和图9-13为接种3个月后的苗木根部的肉苁蓉照片，其中黑色的管子为渗灌管。从图中可以看出，深入到苗木根部的黑色渗灌支管，其连接的渗灌器的渗水孔正下方对着肉苁蓉种子包，种子包中刚有小肉苁蓉接种上，呈现出白色的小嫩芽。

图9-12　复相介质渗灌器对应的种子包刚接种上的肉苁蓉(一)

图9-13　复相介质渗灌器对应的种子包刚接种上的肉苁蓉(二)

图 9-14 为接种 1 年后的肉苁蓉肉质茎从地下长出地表的照片。可以看到，每个渗灌支管旁边都成功接种上了肉苁蓉小嫩芽，而且有的渗灌支管旁接种上的肉苁蓉不止一个，有两个、三个甚至更多，如图[9-14(c)]所示。由此可知，采用复相介质渗灌技术使肉苁蓉的接种率得到了大幅度的提升。

(a)　(b)　(c)　(d)　(e)　(f)

图 9-14　复相介质渗灌下肉苁蓉长出地表(接种率>90%)

图 9-15 所示是肉苁蓉在沙土中的生长量和采挖出来后的整根肉质茎的生长量。从图中可以看出，肉苁蓉肉质茎的长势非常明显，其茎部长得很粗，茎部表面规整瓷实，水分含量充足，整根肉质茎的长度平均可达 80 cm。

(a) (b) (c) (d) (e) (f)

图 9-15 复相介质渗灌下肉苁蓉的肉质茎

图 9-16 是传统人工接种肉苁蓉方法采收的肉苁蓉与使用本技术采收的干品肉苁蓉的生长量对比图。图 9-16(a)为传统人工接种法采收的肉苁蓉，可以看到肉苁蓉肉质茎干瘪细小，生长量小，产量低，颜色发黄(药效低)；而采用本技术采收的肉苁蓉肉质茎粗壮，生长量大，产量高，颜色是棕黑色(药效高)[图 9-16(b)]。通过对比可知，使用本技术接种采收的肉苁蓉生长量大，产量稳定，品相好，有力证明了复相介质渗灌技术的有效性和高效性。

(a)肉苁蓉干品(传统人工方法)

(b)肉苁蓉干品(采用本技术)

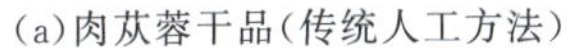

图 9-16　肉苁蓉生长量对比

图 9-17 为采用本技术采收的名贵中药肉苁蓉产品的产量图。当肉苁蓉生长到从地面冒头时(图 9-14)就要对其立刻进行采挖,然后去掉顶部,以防止顶部开花吸收肉质茎的营养和水分造成肉质茎被抽空。从图 9-17 中可以看到,肉苁蓉肉质茎粗壮,生长量大,产量高,而且本技术在肉苁蓉从接种开始到成功接种的 3 个月内进行渗水,之后就停止了渗水,从而保留了肉苁蓉的天然药性。

(a)

(b)

图 9-17　名贵中药肉苁蓉产品(采用本技术)

沙漠接种肉苁蓉需要极度苛刻的土壤水分条件,本章采用了专业设计的复相介质渗灌系统进行了沙漠现场接种肉苁蓉的规模化研究,通过垂直土面的渗水斑点观察窗实验,表明当土壤湿度高于肉苁蓉接种最佳湿度时,渗灌器不渗水;当土壤湿度介于肉苁蓉接种最佳湿度范围时,渗水速度稳定,土壤湿度保持稳定;当土壤湿度低于肉苁蓉接种最佳湿度时,渗灌器渗水速度加快,且在不同位点渗水斑点基本相同,表明复相介质渗灌技术渗水性的一致性。通过肉苁蓉接种研究表明,利用复相介质渗灌技术使肉苁蓉的接种成功率由传统的 15%提高到 90%,生长量也具有明显的优势。

本项渗灌技术从复相介质设计、流体热力学、流体动力学、流体结构动力学、渗灌器制造、自调节土壤湿度特性和现场应用等不同角度系统深入地研究了基于“束水＋导水”复相介质的结构特征和流体动力学，得到了与理论和实际数据相一致的热力学方程、动力学方程以及结构动力学变化规律。基于该规律，研究出了复相介质渗灌关键器件渗灌器的 3D 打印加工工艺。将动力学成果和新工艺渗灌器件应用于接种成功率极低的沙漠肉苁蓉种植，使肉苁蓉接种成功率由传统的 15%提高到了 90%以上，生长量也有明显优势，最终形成一套有关复相介质水流体用于荒漠化地区生态恢复的渗灌理论体系。这为解决荒漠化治理中树苗难以成活的问题进一步提供了理论和技术支持，具有重要的理论指导意义和实际应用价值。

第10章 复相介质导水材料技术的发展历程与应用

著者团队多年致力于荒漠化地区植被恢复和植树造林工程，探究如何利用最少量的水分来最大限度地提高植被成活率。经过24年的深入研究，目前团队的节水造林技术已经升级迭代至第三代。本书介绍的主要是复相介质导水材料技术，属于第二代节水造林技术，具有成本低、易控制、易操作、可视化、渗灌效率高等优点，技术稳定，效果稳定，成为目前实际现场应用的主要技术。

第一代导水材料技术为蓄水渗膜材料技术。该技术依托于2001年由国家科技部批准的“国家高技术研究发展计划”（简称“863”计划）项目——蓄水渗膜材料（项目编号：2001AA322100）。基于该项目，团队研发了第一代产品——蓄水渗膜袋，该产品兼具蓄水和缓释水分的功能，主要应用于荒漠化干旱、半干旱地区。通过蓄水渗膜新材料能科学合理地为植物提供其生产所需的水分，地形适应类型广泛，在大幅提高苗木成活率的同时，大大节约了水资源。团队还对蓄水渗膜材料实现缓释功能和自调节水分传导功能的复合导水涂层进行了深入研究并得到了2007年的国家自然科学基金（项目编号：50772131）资助。配合国家林业工程，项目截至2022年，已在国内11个省、自治区、直辖市和国外中东地区实现规模化造林超5 333.33 km^2（800万亩）。

第二代导水材料技术为复相介质渗灌技术。考虑到第一代蓄水渗膜材料虽然已经实现了规模化生产和规模化种植，但是其生产效率较低、不可直接观测和用工成本较高，团队研发了第二代复相介质渗灌技术。该技术已实现规模化生产和现场应用。通过现场铺设渗水管道，经由渗灌器件缓释渗水，克服了体积型浇水对土壤含氧率的不利影响和多余水分的浪费，大大提高了渗灌效率，且渗水速度和渗水量均可以通过直观性观察来判断，整体上更加科学合理，显著提高了苗木成活率。

第三代导水材料技术是无水灌溉凝露集水材料技术。由于目前全球水资源越来越紧张，特别是淡水资源，在满足人类饮用的同时，还要供应给其他动物和植物。对于荒漠化干旱少雨、严重缺水的地方，淡水资源更加紧缺，对水分的利用率要求更高。基于全球水循环是一个动态平衡且质量守恒的过程，通过将高温下蒸发到大气中的水蒸气通过温差效应在低温下进行凝露集水，直接利用大气循环中的水分实现苗木的无水渗灌，减少额外水资源的投入，更加绿色环保，且节约水资源。

本章将对这三代导水材料技术内容分别进行介绍，并对其应用案例和造林效果进行展示。

10.1 蓄水渗膜材料技术

10.1.1 蓄水渗膜材料技术介绍

蓄水渗膜材料技术是一种用于荒漠化地区节水造林的原创性新技术。该技术开辟了通过科学释水的材料学设计解决荒漠化地区节水造林难题的新途径，形成了分子渗水和自调节土壤湿度的蓄水渗膜。这一原创性造林新材料技术，建立了维系植物正常生长时根部需水规律与导水纤维功能化设计的关联性联系，有效解决了荒漠化地区苗木成活问题，提供了一项科学缓释水的低成本新材料技术。

蓄水渗膜材料是功能导水纤维与可降解友好树脂复合而成的实现科学释水的薄膜材料。将蓄水渗膜直接包装水置于树苗根部进行造林，通过分子渗水、自调节渗水、抑制蒸发、免浇水和直接作用实现有效的植被恢复，按树苗成活期的需要一次性蓄存足量水，蓄水渗膜通过分子渗水释放湿气，在有效期内始终保持土壤的合理湿度。根据苗木的生长规律，蓄水渗膜能提供合理的释水速度，当土壤干旱或升温时，导水纤维自调节渗水速度加快渗水，当土壤过湿（如雨水）或降温（如夜间、秋季）时，导水纤维自调节渗水速度减慢或停止渗水。

蓄水渗膜材料技术成果获得了科技部“863”计划总验收“优秀”总评，教育部成果鉴定评价为“属国内外首创，总体达到国际领先水平”；内蒙古自治区的成果鉴定评价为“属国内外首创，居国际领先水平”，并获得多项省部级奖励。造林结果表明，树苗成活率或保存率均比传统造林提高20%～50%，生长量也居明显优势，造林用水仅是传统造林的1/40～1/20，造林综合成本下降50%左右，取得了明显的社会效益和经济效益。

10.1.2 蓄水渗膜现场对比和规模化造林

截至2022年，该技术在北京市、内蒙古自治区、新疆维吾尔自治区、河北省、山西省、甘肃省、陕西省、青海省、吉林省、辽宁省、宁夏回族自治区等11个省、自治区、直辖市，以及国外中东地区，实现规模化造林超过4 000 km^2（600万亩），涉及我国130个旗县，涵盖了干旱区、沙化区、荒山、荒滩地和农牧交错带等五种树苗不易成活的典型地带。

国内地区包括：乌兰布和沙漠、突泉县干旱区、扎赉特旗丘陵地、浑善达克沙地公路、科右前旗干旱区、商都草原风蚀带、清水河县大梁荒山、乌兰浩特荒坡、库伦旗干旱区、开鲁县干旱区、呼市大青山、阿左旗沙漠公路、额济旗沙化区、阿右旗沙化区、科尔沁沙漠、巴丹吉林沙漠、昌吉干旱区、和硕干旱区、昌吉大沙河渗漏区、乌鲁木齐荒山、库尔勒干旱地、平山县荒山、丰宁县荒地、张北县沙地、云岗荒山、离石荒山、兰州荒山、定西市荒山、吴起县荒山、青海东部黄土丘陵沟壑区、门头沟荒滩渗漏地、滦平干旱地、宁夏银西干旱地、定西干旱地、兰州西北两山、靖远干旱地等。

国外地区包括:阿联酋、约旦和卡塔尔等。

本节选取部分典型的现场苗木使用蓄水渗膜前后的对比图,并对多个地市区规模化造林现场进行图片展示。

1. 典型苗木对比情况

典型苗木对比情况如图 10-1～图 10-8 所示。

(a)未使用蓄水渗膜(2003.4.8)

(b)使用蓄水渗膜(2003.7.14)

图 10-1　乌兰布和沙漠造林对比(一)

(a)未使用蓄水渗膜(2003.4.8)

(b)使用蓄水渗膜(2004.9.27)

图 10-2　乌兰布和沙漠造林对比(二)

(a)未使用蓄水渗膜(2003.4.18)

(b)使用蓄水渗膜(2003.7.14)

图 10-3　乌兰布和沙漠造林对比(三)

(a)未使用蓄水渗膜(2003.4.18)

(b)使用蓄水渗膜(2004.9.17)

图 10-4 阿拉善沙地公路造林对比

(a)未使用蓄水渗膜(2003.4.14)

(b)使用蓄水渗膜(2004.9.13)

图 10-5 呼和浩特南部大梁荒山苗木对比

(a)未使用蓄水渗膜(2003.4.20)

(b)使用蓄水渗膜(2004.9.14)

图 10-6 阿左旗头道沙子和吉兰泰镇苗木对比

(a)未使用蓄水渗膜(2006.4.14)

(b)使用蓄水渗膜(2006.6.1)

图 10-7　陕西榆林沙区公路苗木对比

(a)未使用蓄水渗膜(2008.4.15)

(b)使用蓄水渗膜(2008.7.13)

图 10-8　呼伦贝尔草原沙化区苗木对比

2. 国内典型地区现场规模化造林效果

国内典型地区现场规模化造林效果如图 10-9 所示。

(a)乌兰布和沙漠防速生杨

(b)内蒙古库伦旗干旱区速生杨

(c)阿左旗头道沙子和吉兰泰镇国槐速生杨

(d)阿拉善沙化区花棒

(e)兴安盟荒坡速生杨

(f)陕西榆林沙漠造林(一)

(g)乌兰布和沙漠规模化造林现场

(h)陕西榆林沙漠公路造林(二)

图 10-9 国内典型地区现场规模化造林效果

3. 国外地区现场规模化造林效果

国外地区现场规模化造林效果如图 10-10～图 10-14 所示。

(a)

(b)

(c)

(d)

图 10-10　阿联酋皇家园林造林维护现场(一)

(a)

(b)

(c)

(d)

图 10-11　阿联酋皇家园林造林维护现场(二)

(a)

(b)

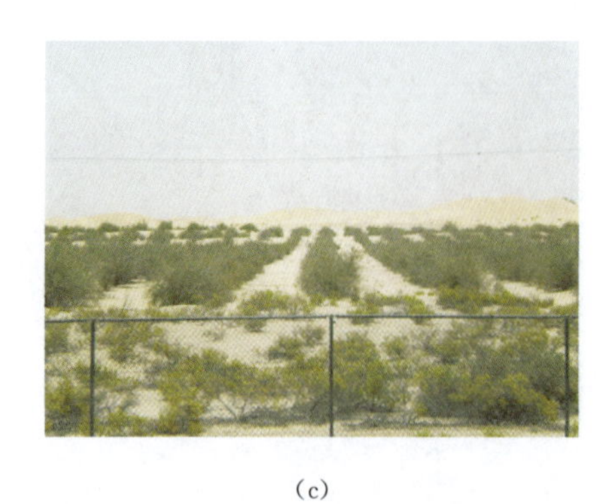

(c)

(d)

图 10-12　阿联酋阿布扎比沙漠公路造林(一)

(a)

(b)

(c)

(d)

图 10-13　阿联酋阿布扎比沙漠公路造林(二)

(a)

(b)

(c)

(d)

图 10-14　阿联酋阿布扎城市防护林带

10.2　复相介质渗灌技术

10.2.1　复相介质渗灌技术介绍

复相介质渗灌技术是蓄水渗膜材料技术的升级技术。本技术在原有基础上，在理论上作了深化，研究了复相介质导水涂层材料的水分运移热力学和动力学原理，建立了对应的水势方程与水流体动力学方程，为渗灌技术的实际应用提供了理论指导。该技术创新性地采用 3D 光固化打印技术，内嵌渗灌"涂层芯片"，对渗灌核心部件——渗灌器进行了数学建模和 3D 打印，获得了打印精度高的渗灌器实物成品，简化了加工流程，提高了生产效率。

目前该复相介质渗灌技术已经在国内多个省、自治区、直辖市和国外中东地区实现了规模化应用，整体造林效率得到提升，造林效果显著。该技术还首创性成功地应用于荒漠化地区经济作物的种植，在治理荒漠化植被恢复的同时，还激发了当地农牧民的治沙积极性，增加了经济收入，并带动了当地农牧民的就业和经济发展。

10.2.2　复相介质渗灌技术规模化应用

截至 2023 年 8 月，复相介质渗灌技术已在国内北京市、内蒙古自治区、甘肃省、新疆维吾尔自治区、宁夏回族自治区等 5 个省、自治区、直辖市和国外阿联酋实现规模化渗灌造林超 666.67 km^2(100 万亩)。

1. 国内地区现场规模化渗灌造林效果

国内地区现场规模化渗灌造林效果如图 10-15～图 10-16 所示。

(a) (b) (c) (d)

图 10-15 甘肃张掖渗灌规模化应用现场(一)

(a) (b) (c) (d)

图 10-16 甘肃张掖渗灌规模化应用现场(二)

2. 国外地区现场规模化渗灌造林效果

国外地区现场规模化渗灌造林效果如图 10-17 所示。

(a)　(b)　(c)　(d)

图 10-17　阿联酋渗灌应用现场

10.3　无水灌溉凝露材料技术

10.3.1　无水灌溉凝露材料技术介绍

无水渗灌凝露材料技术是著者团队目前正在攻关的课题，是荒漠化地区节水造林技术升级迭代的第三代。该技术的灵感来源于自然界某些可利用其自身结构自发进行大气中水分或者雾气收集的动物和植物，如纳米布沙漠甲虫的亲疏水交替的集水结构、仙人掌锥形尖刺的集水结构、蜘蛛丝纺锤体的集水结构、猪笼草的含液润滑表面的集水结构等，旨在通过仿生结构设计、材料表面亲疏水改性等方式，以期实现仿生材料的高效集水功能，并研究分析对应的集水策略。

由于全球水循环是一个气态、液态、固态三相不断转化，并且水分整体保持质量守恒的过程，通过仿生材料的结构设计或表面改性，可将高温时蒸发到大气中的水蒸气/雾气通过温差效应产生热量传递，从而在低温时进行凝露，实现达到不断收集大气中水分的效果。该技术可直接利用大气中的水分对苗木进行供水，满足苗木的生长所需，减少了额外水资源的投入，提高了水分利用率，更加绿色环保，有利于实现水资源的可持续发展。

10.3.2 无水灌溉凝露材料技术的研究方向

目前著者团队对仿生凝露集水材料技术已经展开了研究，通过材料表面改性、多孔结构设计等方式，制备了多种不同的仿生凝露材料，对其结构和集水性能进行分析，自主设计并搭建了一整套集水测试的系统平台，使用该平台进行了一系列实验室条件下的仿生材料集水实验。阶段性结果表明：设计的仿生材料达到了凝露集水的效果，集水效果明显，集水量增加。

下一阶段将主要在以下两个方面开展深入研究：

(1)深入分析凝露材料的仿生集水机理，构建集水过程的数学模型，建立相关的冷凝方程，实现该技术的理论水平的突破，为相关技术提供理论指导。

(2)进一步推进该技术在荒漠化现场的试验和实施，以期对集水效果进行评估。

此外，还应提高仿生凝露材料的生产效率，实现该技术的批量化生产，推动该技术规模化应用的落地。

参考文献

[1] AN Y. Improved environment rehabilitation measures for combatting desertification using water and soil conservation assessment models[J]. Desalination and Water Treatment, 2024, 319: 100509.

[2] BAUER S, STRINGER L C. The role of science in the global governance of desertification[J]. The Journal of Environment & Development, 2009,18(3):246-267.

[3] ZHENG H K, LINDSAY C S, JOUNI P, et al. Situating China in the Global Effort to Combat Desertification[J]. Land, 2021,10: 702.

[4] 梁凡. 当全球四成土地已经退化[EB/OL]. (2024-06-21)[2024-12-04]. https://finance.sina.com.cn/jjxw/2024-06-21/doc-inazmrqp5660177.shtml.

[5] 王涛. 干旱区绿洲化、荒漠化研究的进展与趋势[J]. 中国沙漠, 2009,29(1):1-9.

[6] HESSEL R, REED M, GEESON N, et al. From framework to action: The desire approach to combat desertification[J]. Enviromental Management, 2014,54(5):935-950.

[7] TURNER S W D, HEJAZI M, CALVIN K, et al. A pathway of global food supply adaptation in a world with increasingly constrained groundwater[J]. Science of the Total Enviroment, 2019,673(10): 165-176.

[8] 秦昌旭. 简析农业渗灌技术进展与应用[J]. 南方农机, 2021,52(11):78-79.

[9] 匡志盈. 全球防治荒漠化情况综述[J]. 世界农业, 2006,330(10):8-10.

[10] LIU Q, YASUFUKU N, OMINE K. Self-watering system for arid area: A method to combat desertification[J]. Soils and Foundations, 2018,58(4):838-852.

[11] MASOUDI M, JOKAR P, PRADHAN B. A new approach for land degradation and desertification assessment using geospatial techniques[J]. Natural Hazards and Earth System Science, 2018, 18 (4):1133-1140.

[12] ARCHER E R M, TADROSS M A. Climate change and desertification in South Africa-science and response[J]. African Journal of Range & Forage Science, 2009,26(3):127-131.

[13] AMOOZEGARE F, WARRICK A, LOMEN A. Design nomographs for trickle irrigation systems [J]. Journal of Irrigation and Drainage Engineering, 1984,110(2):107-120.

[14] FELIS T, IONITA M, RIMBU N. Mild and arid climate in the eastern Sahara-Arabian desert during the late little ice age[J]. Geophysical Reaearch Letters, 2018,45(14):7112-7119.

[15] HUA T, WANG X M, LIANG L L, et al. Variations in tree-ring width indices over the past three centuries and their associations with sandy desertification cycles in East Asia[J]. Journal of Arid Environments, 2014,100:93-99.

[16] DHARUMARAJAN S, LALITHA M, HEGDE R, et al. Status of desertification in South India-assessment, mapping and change detection analysis[J]. Current Science: A Fortnightly Journal of Research, 2018,115(2):331-338.

[17] ANJUM S A, WANG L, XUE L, et al. Desertification in Pakistan: causes, impacts and management [J]. Journal of Food Agriculture & Enviroment, 2010,8(2):1203-1208.

[18] FILEI A A, SLESARENKO L A, BORODITSKAYA A V. Analysis of Desertification in Mongolia [J]. Russian Meteorology and Hydrology, 2018,43(9):599-606.

[19] ZHANG Z, HUISINGH D. Combating desertification in China: Monitoring, control, management and revegetation[J]. Jouranal of Cleaner Production, 2018,182:765-775.

[20] ALIBEKOV L A, ALIBEKOVA S L. The socioeconomic consequences of desertification in central Asia[J]. Herald of the Russian Academy of Sciences, 2007,77(3):239-243.

[21] WANG Y, YAN X. Climate change induced by Southern Hemisphere desertification[J]. Physics and Chemistry of The Earth, 2017,102:40-47.

[22] BECERRIL-PINA R, DIAZ-DELGADO C, MASTACHI-LOZA C, et al. Integration of remote sensing techniques for monitoring desertification in Mexico[J]. Human and Ecological Risk Assessment, 2016,22(6):1323-1340.

[23] 贾晓霞. 全球荒漠化变化态势及《联合国防治荒漠化公约》面临的挑战[J]. 世界林业研究, 2005,18(6):11-16.

[24] WANG G Q, WANG X Q, WU B, et al. Desertification and its mitigation strategy in China[J]. Journal of Resources and Ecology, 2012,3(2):97-104.

[25] 叶谦. 荒漠化:问题与出路的思考[J]. 世界环境, 2006(4):20-21.

[26] MENG T H, PAN M Z. Desertification dynamics in China's drylands under climate change[J]. Advances in Climate Change Research,2023,14(3):429-436.

[27] 银山. 内蒙古土浑善达克沙地荒漠化动态研究[D]. 呼和浩特: 内蒙古农业大学, 2010.

[28] 国家林业局. 中国荒漠化和沙化状况公报[R]. 2015.

[29] 张增志. 改性粘土基引水体材料及其制备方法: 200610087419.0[P]. 2008-12-03.

[30] GEERT S, JOHN B, ANN V. Desertification: History, Causes and Options for Its Control[J]. Land Degradation & Development, 2016, 27(8): 1783-1787.

[31] BADRELDIN N, GOOSSENS R. A satellite-based disturbance index algorithm for monitoring mitigation strategies effects on desertification change in an arid environment[J]. Mitigation and Adaption Strategies for Globle Change, 2015,20(2):263-276.

[32] TAL A. Rethinking the sustainability of Israel's irrigation practices in the Drylands[J]. Water Research, 2016, 90:387-394.

[33] PARTHASARATHI T, VANITHA K, MOHANDASS S, et al. Evaluation of drip irrigation system for water productivity and yield of rice[J]. Agronomy Journal, 2018,110(6):2378-2389.

[34] ZHANG J, DAI M, WANG L, et al. Household livelihood change under the rocky desertification control project in karst areas, Southwest China[J]. Land Use Policy, 2016,56:8-15.

[35] 包岩峰, 杨柳, 龙超, 等. 中国防沙治沙 60 年回顾与展望[J]. 中国水土保持科学, 2018,16(2): 144-150.

[36] 林业部三北建设局. 中国三北防护林体系建设总体规划方案[M]. 银川: 宁夏人民出版社, 1993.

[37] 周明吉, 周玉生, 孙加亮, 等. 我国固沙材料研究及应用现状[J]. 材料导报, 2012,26(增刊 2):332-334.

[38] 张增志, 杜红梅, 渠永平. 沙漠水科学材料研究综述[J]. 中国材料进展, 2018,37(2):81-87,125.

[39] 张维江, 李娟. 水是区域荒漠化防治的关键因子[J]. 新疆农业科学, 2010,47(增刊 2):98-105.

[40] 侯天琛. "僵化"的大地:土地荒漠化及其治理[J]. 生态经济, 2013(10):18-23.

[41] 孔祥吉, 孙涛. 中国荒漠化地区干湿状况分析[J]. 林业资源管理, 2017(4):1-6.

[42] 金铭. 地球荒漠化威胁人类生存[J]. 生态经济, 2012(9):12-17.

[43] 阳眉剑，吴深，于赢东，等. 农业节水灌溉评价研究历程及展望[J]. 中国水利水电科学研究院学报，2016,14(3):210-218.

[44] 吴景社，康绍忠，王景雷，等. 节水灌溉综合效应评价研究进展[J]. 灌溉排水学报，2003(5):42-46.

[45] ZHANG B, FU Z T, WANG J Q, et al. Farmers' adoption of water-saving irrigation technology alleviates water scarcity in metropolis suburbs: A case study of Beijing, China[J]. Agriculture Water Management, 2019,212:349-357.

[46] 信松胜. 节水灌溉技术发展现状及趋势[J]. 食品研究与开发，2010,31(12):270-271.

[47] ZHANG G, XIE C, LAI H, et al. Buried lifting sprinkling irrigation device[J]. Journal of Irrigation and Drainage Engineering, 2018,144(1):04017058. 1-04017058. 9.

[48] 白丹，魏小抗，王凤翔，等. 节水灌溉工程技术[M]. 西安：陕西科学技术出版社，2001.

[49] 王春堂. 农田水力学[M]. 北京：中国水利水电出版社，2014.

[50] DECHMI F, PLAYÁN E, CAVERO J, et al. Wind effects on solid set sprinkler irrigation depth and yield of maize (Zea mays)[J]. Irrigation Science, 2003,22(2):67-77.

[51] 褚琳琳. 国内外喷灌技术研究现状与发展趋势[J]. 节水灌溉，2014(6):71-74.

[52] 殷春霞，许炳华. 我国喷灌发展五十年回顾[J]. 中国农村水利水电，2003(2):9-11.

[53] 李红，沈振华，刘建瑞，等. 射流自吸喷灌泵喷嘴系数的理论推导与试验[J]. 排灌机械，2009,27(4):228-231.

[54] 刘延恺. 北京税务知识词典[M]. 北京：中国水利水电出版社，2008.

[55] 程先军，许迪，张昊. 地下滴灌技术发展及应用现状综述[J]. 节水灌溉，1999(4):13-15.

[56] GLENN J H, ROBERT G E, MARVIN E J, et al. Design and operation of farm irrigation systems (2nd edition)[M]. Michigan: American Society of Agricultural and Biological Engineers, 2007.

[57] YANG H J, WU F, FANG H P, et al. Mechanism of soil environmental regulation by aerated drip irrigation[J]. Acta Physica Sinica, 2019,68(1):019201.

[58] 康银红，马孝义，李娟，等. 地下滴渗灌灌水技术研究进展[J]. 灌溉排水学报，2007(6):34-40.

[59] 牛靖冉，王春霞，何新林，等. 膜下滴灌技术综合效益评价方法初步研究[J]. 节水灌溉，2019(1):118-122.

[60] ERINGEN A C. Simple MicroFluids[J]. International Journal of Engineering Science, 1964,2(2):205-217.

[61] ARIMAN T, TURK M A, SYLVESTER N D. Microcontinum fluid mechanics—A review[J]. International Journal of Engineering Science, 1973, 11(8): 905-930.

[62] HARLEY J C, HUANG Y, BAU H, et al. Gas flow in microchannels[J]. Journal of Fluid Mechanics, 1995,284:257-274.

[63] 江小宁. 微量立体测量与控制系统实验研究[D]. 北京：清华大学，1996.

[64] 王补宣. 工程传热传质学[M]. 北京：科学出版社，1998.

[65] 李战华，崔海航. 微尺度流动特性[J]. 机械强度，2001(4):476-480.

[66] 刘起霞，杨小林. 工程流体力学[M]. 武汉：华中科技大学出版社，2016.

[67] 魏青松，史玉升，董文楚，等. 滴灌灌水器流体流动机理及其数字可视化研究[J]. 中国农村水利水电，2004(3):1-4.

[68] 杨培岭，雷显龙. 滴灌用灌水器的发展及研究[J]. 节水灌溉，2000(3):17-18.

[69] 王彦军，沈秀英，王留运. 一种新型的节水灌溉技术：渗灌[J]. 节水灌溉，1997(2)：3-7,49.

[70] WANG Z B, WANG X B, XIAO J M. An introduction to percolation irrigation techniques[J]. Journal of Agriculture Mechanization Research，2004(5)：115-117.

[71] 王淑红，张玉龙，虞娜，等. 渗灌技术的发展概况及其在保护地中应用[J]. 农业工程学报，2005(增刊1)：92-95.

[72] NAKAYAMA F S ，BUCKS D A . Trickle irrigation for crop production：design，operation and management (Developments in agricultural engineering) (1st editon) [M]. Amsterdam：Elsevier Science，2012.

[73] MITCHELL W H，SPARKS D L. Influence of subsurface irrigation and organic additions on top and root growth of field corn[J]. Agronomy Journal，1982,74(6)：1084-1088.

[74] BRAND H J. Subsurface irrigation in the southeast[C]. Proceedings of National Irrigation Symposium，Michigan，1997：E1-E9.

[75] 康银红，马孝义，李娟，等. 地下滴渗灌灌水技术研究进展[J]. 灌溉排水学报，2007,(6)：34-40.

[76] 康绍忠，李永杰. 21世纪我国节水农业发展趋势及其对策[J]. 农业工程学报，1997(4)：6-12.

[77] XSG橡塑共混渗水管(微孔渗管)[J]. 中国科技成果，1999(8)：40-41.

[78] 孙景生，康绍忠. 我国水资源利用现状与节水灌溉发展对策[J]. 农业工程学报，2000(2)：1-5.

[79] 何华，康绍忠. 地下滴灌的经济与环境效益研究综述[J]. 西北农业大学学报，2000(3)：79-83.

[80] VAN GENUCHTEN M H. A close-form equation for predicting the hydraulic conductivity of unsaturated soils[J]. Soil Science Society of America Journal，1980,44(5)：892-898.

[81] 石中勇，姬永涛. 渗灌系统的渗流模型及渗灌管埋深优化研究[J]. 地下水，2018,40(4)：115-117,175.

[82] 任改萍. 微孔陶瓷渗灌土壤水分运移规律研究[D]. 咸阳：西北农林科技大学，2016.

[83] 山仑，康绍忠，吴普特. 中国节水农业[M]. 北京：中国农业出版社，2004.

[84] 巴特尔·巴克，郑大玮，宋秉彝，等. 渗灌节水技术及其经济效益浅析[J]. 节水灌溉，2005(2)：8-10.

[85] 王忠波，王晓斌，肖建民. 渗灌技术研究[J]. 农机化研究，2004(5)：115-117.

[86] 刘洋，张玉龙，刘娜，等. 渗灌管不用埋深对蔬菜保护地土壤盐分的影响[J]. 中国农业通报，2006，22(4)：295-298.

[87] 张增志，张利梅，程海涛，等. 可调节土壤湿度的导水纤维功能薄膜的研究[J]. 材料工程，2006(4)：16-20.

[88] 张增志，刘铭，赵鑫，等. 对土壤湿度具有自调节功能的导水涂层纤维的研究[J]. 材料科学与工程学报，2007(1)：55-60.

[89] 张利梅. 导水涂层材料的制备与性能研究[D]. 北京：中国矿业大学(北京)，2010.

[90] 渠永平. 蒙脱土/聚丙烯酰胺复合导水材料水分运移动力学研究[D]. 北京：中国矿业大学(北京)，2016.

[91] 杨科，王锦成，郑晓昱. 蒙脱土的结构、性能及其改性研究现状[J]. 上海工程技术大学学报，2011，25(1)：65-69.

[92] BAO Y，MA J，YANG Z. Preparation and application of poly (methacrylic acid)/montmorillonite nanocomposites[J]. Materials and Manufacturing Processes，2011,26(4)：604-608.

[93] 陈和生，邵景昌. 聚丙烯酰胺的红外光谱分析[J]. 分析仪器，2011(3)：36-40.

[94] 黄昌勇. 土壤学[M]. 北京：中国农业出版社，2000.

[95] 彭紫赟，黄爽，杨金忠，等. HYPROP 系统与快速离心法联合测定土壤水分特征曲线[J]. 灌溉排水学报，2012,31(5):7-11.

[96] Bittelli M, Flury M. Errors in water retention curves determined with pressure plates[J]. Soli Science Society of America Journal, 2009,73(5):1453-1460.

[97] 冯杰，郝振纯，刘方贵. 大孔隙对土壤水分特征曲线的影响[J]. 灌溉排水，2002(3):4-7.

[98] 邵明安，黄明斌. 土壤水动力学[M]. 西安：陕西科学技术出版社，2000.

[99] 尚熳廷，冯杰，刘佩贵，等. SWCC 测定时吸力计算公式与最佳离心时间的探讨[J]. 河海大学学报(自然科学版)，2009,37(1):12-15.

[100] 刘孝义. 土壤物理学及土壤改良研究法[M]. 上海：上海科学技术出版社，1982.

[101] 雷志栋，杨诗秀，谢森传. 土壤水动力学[M]. 北京：清华大学出版社，1988.

[102] SLATYER R O, TAYLOR S A. Terminology in plant-and soil-water relations[J]. Nature, 1960, 187:922-924.

[103] 张一平. 土壤水分热力学[M]. 北京：科学出版社，2006.

[104] 梁兴唐，黄祖强，李超柱. 高吸水性树脂溶胀理论研究[J]. 化工新型材料，2011,39(5):11-14.

[105] 林润雄，姜斌，黄毓礼. 高吸水性树脂吸水机理的探讨[J]. 北京化工大学学报(自然科学版)，1998,25(3):20-25.

[106] FLORY. Principles of polymer chemistry[M]. New York: Cornell University Press, 1953.

[107] TANAKA T, HOCKER L O, BENEDEK G B. Spectrum of light scattered from a viscoelastic gel [J]. The Journal of Chemical Physics, 1973,59(9):5151-5159.

[108] RATHNA G V N, DAMODARAN S. Swelling behavior of protein-based superabsorbent hydrogels treated with ethanol[J]. Journal of Applied Polymer Science, 2001,81(9): 2190-2196.

[109] 崔英德，黎新明，尹国强. 绿色高吸水树脂[M]. 北京：化学工业出版社，2008.

[110] BATCHELOR G. An introduction to fluid dynamics[M]. Cambridge: Cambridge University Press, 1967.

[111] NEUPAUER R M, DENNIS N D. Classroom activities to illustrate concepts of Darcy's Law and hydraulic conductivity[J]. Journal of Professional Issues in Engineering Education and Practice, 2010,136(1):17-23.

[112] 范世香，刁艳芳，刘冀. 水文学原理[M]. 北京：中国水利水电出版社，2014.

[113] 龙明策，王鹏，郑彤，等. 高吸水性树脂溶胀热力学及吸水机理[J]. 化学通报，2002(10):705-709.

[114] 梁文懂，肖时钧. 传递现象基础[M]. 北京：冶金工业出版社，2006.

[115] 王红霞，万怡灶，王玉林，等. 玻璃纤维增强光固化树脂基复合材料吸湿性能的研究[J]. 玻璃钢/复合材料，2005(1):33-36.

[116] GUO W, ZHANG Y R, FENG P, et al. Montmorillonite with unique interlayer space imparted polymer scaffolds with sustained release of Ag^{+} [J]. Ceramics International, 2019, 45(9): 11517-11526.

[117] 卢寿慈，翁达. 界面分选原理及应用[M]. 北京：冶金工业出版社，1992.

[118] 任俊，沈健，卢寿慈. 颗粒分散科学与技术[M]. 北京：化学工业出版社，2005.

[119] 邵明安，王全九，黄明斌. 土壤物理学[M]. 北京：高等教育出版社，2006.

[120] 章丽娟，郑忠. 胶体与界面化学[M]. 广州：华南理工大学出版社，2006.

[121] 朱传征，褚莹，许海涵. 物理化学[M]. 2 版. 北京：科学出版社，2008.

[122] DU H M, ZHANG Z Z, WU M M, et al. Water-conducting characteristics and micro-dynamic self-adjusting behavior of polyacrylamide/montmorillonite coating[J]. 武汉理工大学学报(材料科学版)(英文版), 2015,30(6):1191-1197.

[123] 罗玲,彭家惠,陈明凤. 聚丙烯(PP)纤维表面改性技术[J]. 纤维复合材料, 2005,22(4):22-24.

[124] 金郡潮,戴瑾瑾,陆望,等. 丙纶薄膜等离子体表面改性处理的研究[J]. 印染, 2000,26(4):11-13.

[125] QIAN B, ZHANG L C, SHI Y S, et al. Support fast generation algorithm based on discrete-marking in stereolithgraphy rapid prototyping [J]. Rapid Prototyping Journal, 2011, 17 (6): 451-457.

[126] HARTINGS M R, AHMED Z. Chemistry from 3D printed objects[J]. Nature Reviews Chemistry, 2019,3(5):305-314.

[127] LEE D, KIM H, SIM J, et al. Trends in 3D printing technology for construction automation using text mining[J]. International Journal of Precision Engineering and Manufacturing, 2019,20(5): 871-882.

[128] 何岷洪,宋坤,莫宏斌. 3D打印光敏树脂的研究进展[J]. 功能高分子学报, 2015(1):102-108.

[129] 潘祖仁. 高分子化学[M]. 北京:化学工业出版社, 2001.

[130] 张雄杰,盛晋华,额登塔娜. 中药肉苁蓉接种技术的研究[J]. 中国药学杂志, 2011,46(14): 1058-1061.

[131] WANG T, ZHANG X, XIE W. Cistanche deserticola Y. C. Ma, "Desert Ginseng": A Review[J]. The American Journal of Chinese Medicine, 2012,40(6):1123-1141.

[132] 孙永强,田永祯,盛晋华,等. 干旱荒漠区肉苁蓉人工接种技术研究[J]. 干旱区资源与环境, 2008,22(9):167-171.

[133] 马旭东,郭晔华,于霞霞,等. 荒漠肉苁蓉规范化栽培技术研究进展[J]. 中药材, 2019,41(12): 2958-2961.

[134] 郑兴国,陆中元,王程,等. 肉苁蓉人工栽培技术研究[J]. 新疆林业, 2001(2):29-30.

[135] 崔旭盛,郭玉海,翟志席. 肉苁蓉生物学及栽培技术研究:第六届肉苁蓉暨沙生药用植物学术研讨会[C]. 和田, 2011: 144-155.